北京市属高等学校创新团队建设与教师职业发展计划项目（The Project of Construction of Innovative Teams and Teacher Career Development for Universities and Colleges Under Beijing Municipality：IDHT20130512）

大跨地下空间建造新技术

乐贵平　刘　军　贺美德　金　鑫　编著

中国建筑工业出版社

图书在版编目（CIP）数据

大跨地下空间建造新技术/乐贵平等编著. —北京：
中国建筑工业出版社，2017.9
ISBN 978-7-112-20966-8

Ⅰ.①大… Ⅱ.①乐… Ⅲ.①地下建筑物-大跨度
结构-结构设计 Ⅳ.①TU93

中国版本图书馆 CIP 数据核字（2017）第 162465 号

责任编辑：李玲洁　田启铭
责任设计：李志立
责任校对：焦　乐　党　雷

大跨地下空间建造新技术

乐贵平　刘　军　贺美德　金　鑫　编著

*

中国建筑工业出版社出版、发行（北京海淀三里河路 9 号）

各地新华书店、建筑书店经销

霸州市顺浩图文科技发展有限公司制版

北京建筑工业印刷厂印刷

*

开本：787×1092 毫米　1/16　印张：13　字数：320 千字
2017 年 9 月第一版　　2017 年 9 月第一次印刷

定价：**48.00** 元

ISBN 978-7-112-20966-8
（30550）

前　言

目前，国内城市地下空间结构建造的主要方法有明挖法、矿山法和盾构法，对大跨度地下空间结构的施工方法多为明挖法和矿山法，但是前述三种方法在实际使用过程中均受到周边环境、工程地质和水文地质条件等诸多因素不同程度的制约。

明挖法对于城市地面交通繁忙、周边建筑物众多、地下管线密集的工程环境下修建地下空间结构，施工时必须进行交通疏导、管线改移等，施工产生的噪声、振动等也会对附近居民的生活和工作造成干扰，使得施工所受干扰大、工期较长、工程间接费用高。矿山法灵活多变，具有对地面建筑物及地下管线影响不大、拆迁占地小、扰民少等优点。在地下空间结构工程地质和水文地质条件差、地下管线密集、周边建筑物密集的环境中，采用矿山法进行大跨度的地下空间结构施工对周边环境和结构上方道路及管线的安全控制要求较高，从而使得施工风险也明显增大。盾构法具有施工速度快，不需拆迁地面建筑物和地下管线，施工期间噪声小、振动小、不影响地面交通等优点。但是盾构法施工存在断面固定、盾构机对地层变化适应性差等缺点，尤其是在城市轨道交通建设中，盾构区间隧道与车站施工在工期上、组织上的矛盾，盾构机频繁调头拆装等要求，使得盾构法快速施工的优势得不到发挥。

随着城市建设的不断加快，城市地下空间结构的建设也必然受到周边建筑物多、地下管网密集、地面交通繁忙、施工工期要求等诸多因素的制约。而《大跨地下空间建造新技术》一书，正是为了克服现有技术中存在的不足而编著的。

本书侧重一系列专利技术的介绍，并紧密结合一系列工程实践，真实、全面、透彻地阐述了一系列地下工程大空间建造的新技术，开阔了工程技术人员的思路、提高了工程技术人员解决实际工程问题的能力，重点突出了新颖性、先进性和简明性。

洞槽桩和桩墙法一章，主要介绍了洞槽桩法和桩墙法。洞槽桩法解决了城市地下空间结构施工时受周边建筑物多、地下管网密集、地面交通繁忙等诸多因素制约的问题，同时在保证安全和质量的前提下，有效减少了对围岩的多次扰动，使得地表沉降、结构变形都得到了较好的控制，降低了施工风险，实现了盾构隧道管片重复利用，减少了废弃工程量，缩短了施工工期，降低了工程造价。桩墙法解决了现有的地下空间施工方法存在传力途径复杂、施工进度慢、结构整体性差、对周边环境影响大的技术问题。其支护体系受力明确，简单明了，可通过模拟和计算在施工之前对施工风险进行控制。另外，该方法灵活多变，不受地质条件限制，适应性强，可根据工程功能需求，修建多种结构形式，为今后地下空间的建设提供了一种广泛适用的新方法。

盾构-矿山法复合一章，阐述了将盾构法与矿山法有机结合起来，充分发挥了盾构法与矿山法两种工法的特点。不仅可以优化地铁建设车站和区间的设计，实现车站暗挖和区间盾构的有机结合；而且可以实现狭窄道路条件下的线路布置，以及城市密集建（构）筑物环境下的快速高效施工。该工法对于提高地铁建设质量、加快地铁建设速度、提高盾构设备利用率、降低工程施工风险和对地面交通的影响、增加车站站位选择的灵活性、增强社会效益及环境效益，都有重要的现实意义。该工法适用于在城市中建造地铁车站、大断面隧道、地下交通等地下工程，可修建单层单跨、单层多跨、多层多跨等各种形式的地下工程结构。另外，研究成果可以形成一整套创新、适用的地铁综合建造技术，为城市复杂建设环境条件下地铁建设提供新的思路和技术经验。

大直径盾构扩挖法一章，介绍了扩挖大直径盾构隧道修建地铁车站能够在确保结构安全的条件下，减小工程体量、缩短工期、减少对周围环境的影响，同时还可以结合邻接车站的施工组织，充分发挥盾构法和矿山法的优势。这一章以北京地铁 14 号线将台站为工程背景，从车站主体结构施工方法、扩挖形式、施工步序、结构空间特点、现实可行性、工期造价、工程体量、结构受力、地表沉降等方面，对扩挖施工方案进行对比，再结合数值方法比选得出最优方案为 PBA 法扩挖方案。在方案比选的基础上，对 PBA 法扩挖大直径盾构隧道修建地铁车站的过程进行风险源辨识，提出相应的风险控制技术措施。进一步结合数值模拟和现场实测数据，对扩挖过程进行施工力学分析，详细论述了车站主体结构施工对邻近地下管线和地表沉降的影响规律，提出了符合工程实际的管线变形和地表沉降控制技术措施和控制标准。

预注拱法一章，重点介绍了预切槽工法在复杂地质条件下特别是松散地层中较其他工法在控制地表沉降和降低噪声方面所具有的明显优势。该工法具有较好的灵活性，在必要时用预切槽方法施工的隧道可以灵活地改变施工方法，与其他工法综合使用，适用于地质情况多变的隧道的修建，因此该工法在我国有着广阔的应用前景。这一章通过模型试验、数值模拟及理论分析，对预切槽工法施工过程中的土体位移、土压力、结构受力的变化规律以及结构设计做了深入的研究，得到了一些有益的结论，但是也存在一定不足。在我国，对于预切槽工法的研究尚处于初级阶段。为了促进该工法在国内的大量推广和应用，有必要对该工法进行进一步研究。

敞口式盾构法一章，选定了北京地铁 6 号线二期工程 15 标郝家府站至东部新城站右线约 388m 长区间作为试验段，开展敞口式盾构掘进技术及相关施工辅助措施研究。采用数值分析、现场测试等方法，探究敞口式盾构适应性、始发、到达、开挖面稳定控制、掘进控制和地层扰动测量等技术。最后提出了选取含漂石卵石地层试验段、优化敞口式盾构设备和施工辅助措施、优化同步注浆工艺、探究盾构分仓形式以及出土模式等建议。

限于编著者水平，书中错误难免，恳请读者批评指正。

目　　录

第1章 绪　　论

地下工程为一个泛指的技术领域，凡在地层内部天然形成或人工修筑的地下建筑物（或空间）均可称为地下工程，对人类来说，地下空间也是一种资源。地下空间的利用与城市发展是紧密关联的，利用地下空间的主要原因为：①保护城市历史文物与景观；②城市空间不足；③充分利用与发挥地下空间的优越性。地下空间的利用一般是先开发地下10m左右的空间，然后是20m左右的空间，其次是20～50m左右的空间，以后将逐步发展到100m以内的空间。

1.1　地下工程的类型与特点

1.1.1　地下工程的类型

地下空间的作用和价值被人们重新发现后，认为是一种人类仅有的少数尚未被充分开发的自然资源。地下空间资源的开发，从理论上说几乎是无限的。瑞典曾有人估计，在30m深度范围内，开发相当于城市总面积1/3的地下空间，就等于全部城市地面建筑的容积，即不需扩大城市用地，就可使城市的环境容量增加1倍，说明城市地下空间资源有很大的潜力。尽管城市地下空间资源很丰富，但毕竟不能代替地上空间，而只能作为地面空间的扩展或补充，二者统一起来，形成立体化的城市。从世界上这一领域比较先进国家的实践经验看，城市地下空间类型相当广泛，大致可以归纳为以下九类。

1. 居住空间

在城市中，有不少居民居住在建筑物的地下室或半地下室。由于居住环境一般不如地上，一旦有可能，居民都希望住到地上去。人们长期在地下居住，对于健康到底有没有影响，至今尚无科学的解释。日本法律规定禁止在地下室中住人，也是出自这种考虑。但是，现代科学技术完全有可能使地下居住环境得到根本的改善，因此地下居住空间仍有一定的发展潜力。20世纪70年代初，美国从建筑节能的角度出发，开发了一种利用太阳能进行空气调节的半地下覆土住宅。房屋向阳的一面大量开窗，屋顶和其他外墙则在施工后覆土，以改善围护结构的热工性能，达到节能的目的，一般可节约常规能源50%以上，又可充分利用斜坡地形，因而得到一定程度的推广。

2. 业务空间

办公、会议、教学、实验、医疗、展览、图书阅览等各种业务活动，都可以在地下空间中进行。这些一般不需要天然光线的活动内容，当具备全面空气调节条件时，在地下空间中进行是比较合适的。美国旧金山市的莫斯康尼中心，是一座集展览、会议于一体的综合性大型地下建筑，地下展览大厅面积达23000m²，采用90m跨度的预应力拱，厅内无柱，能同时容纳 2 万人活动；还有能容纳 50～600 人的大小会议厅 30 多个，以及能为 6000 人提供饮食的食堂。这座建筑造价很高，但由于经济效益显著，两三年即可收回建设投资。美国明尼苏达大学土木与矿物工程系的地下系馆，包括各种教室、实验室和办公室，总面积 14100m²，90％在地下，并采取了各种节能措施，安装了日光和景物两个传输系统，成为迄今为止汇集各种最新技术的大型地下公共建筑的范例。美国哈佛大学一座图书馆由于采取了地下方案，很好地解决了校园用地不足和保留校园古典建筑传统风格的问题，对于各种珍贵图书文献的保存也非常有利。

3. 商业空间

在瑞典、加拿大、德国、法国等的一些大城市，地下商场、商店很多，日本的地下商业街更为著名。对于商业活动来说，由于不需要天然光线，人们滞留时间相对较短，在地下空间中进行是很合适的。同时，大量人流被吸引到地下去，对改善地面的交通与环境也都是有利的。在气候严寒多雪或酷热多雨地区，购物活动在地下空间中进行，不受外界气候的影响，故特别受到居民的欢迎。由于商业的营业额大，利润率高，因此如果布置和经营得当，有可能在一定时期内收回建设投资，或用商业收入弥补其他地下设施（如交通）收入的不足，经济效益、社会效益都比较显著。

4. 文娱空间

像电影、戏剧、音乐、运动、游泳等文化、娱乐、体育活动，即使在地面上，也多采用人工照明，因此在地下进行更为方便。地下影剧院由于人员集中，安全问题较大，目前除我国、法国、加拿大有少量外，在其他国家尚不普遍。在瑞典、挪威、芬兰等一些北欧国家，由于地质条件较好，在城市和城郊的山体岩石中，修建一些跨度较大的地下音乐厅、体育馆、游泳池、冰球馆等，对开展群众性文娱、体育活动十分方便，同时还都准备在战时改作公共的人员掩蔽所。

5. 交通空间

城市地下铁道、高速公路隧道、地下步行道以及地下停车场等，都属于交通空间。由这样一些设施组成的城市地下交通网，客运能力强，例如一条地铁线路单向每小时客运量为 4 万～6 万人，为地面公共汽车运量的 8 倍；行车速度快，例如快速地铁的旅行速度比常规地铁快 2～3 倍，比地面公共汽车快 5～6 倍。因而对于缓解地面上的交通矛盾十分有效，再加上安全、准时等优点，成为迄今为止城市地下空间利用的最主要内容之一，也是在城市生活中起作用最大的一种地下空间。目前，全世界已有 100 多个左右城市建成或正在修建地铁，已运营的总长度达上万公里。到 2016 年底我国地铁运营里程 3748.67km，其中上海达 617km，已成为目前世界上运营线路最长的城市。北京运营里程 554km，广州 308km，都进入了世界地铁运营里程最长的城市之列。此外，伦敦、纽约、巴黎、莫斯科和东京五大城市的地铁线路里程也排在前列。

在美国的纽约、芝加哥、达拉斯，加拿大的蒙特利尔、多伦多，日本的东京等地，修建了规模相当大的地下步行道系统，有的是为了避开地面上不利的气候条件，有的是为了把各种地下交通线路的车站连接起来，以便于换乘。其中，加拿大多伦多市的地下步行道系统规模最大，把市中心区 30 幢高层办公楼和 5 个地铁车站在地下连通起来，以克服严寒积雪给地面交通造成的困难。

此外，地下空间还为城市静态交通服务在解决城市停车问题上起重要作用。例如，巴黎市中心区有 80 座左右地下停车场，拥有近 10 万个停车位，使市中心区停车非常方便；日本全国有公共停车场 279 个，其中 107 个在地下，占 38％，今后还将着重发展地下停车。

6. 公用设施空间

城市中的供水、排水、动力、热力、通信等系统的管道、电缆等，一般都埋设在地下，占用一定的空间。这可以说是城市地下空间利用的一个传统内容。欧洲和我国的一些城市，迄今还保留着几百年前修建的砖砌城市下水道。通常，各种管线多是按各自的系统直接埋设在土层中，检修不便，容易损坏，并使城市道路经常受到破坏。近年来在国际上提倡修建一种多功能的地下管廊，在日本称为"共同沟"，将各类管线综合布置在可通行的廊道中，不但可避免直埋的缺点，还有利于地下空间的综合利用。此外，各种公用设施系统中的处理设施，如自来水厂、污水处理厂、垃圾处理厂、变电站等，也适于布置在地下空间中，对于节省用地、减轻污染都是有利的。瑞典斯德哥尔摩市建有几座大型污水处理厂，均在地下岩层中，使全市的污水基本都能得到处理。

7. 生产空间

除某些易燃、易爆性生产或污染较严重的生产外，其他类型的生产一般都可在地下进行，特别是精密性生产，在地下环境中更为有利。许多国家将水力发电站的厂房布置在地下，也有的将核电站建在地下，比在地上更为安全。在城市中，在地下进行某些轻工业或手工业生产，是完全可能的。我国一些城市利用人防工程进行纺织、制造类型的生产，取得了较好的效益。当然，在地下建造大型厂房或在地下进行工艺较复杂的生产，要付出较高的代价，因此除为了安全或战备等特殊情况外，这样做是没有必要的。

8. 贮存空间

地下环境最适合于物资的贮存，因为稳定的温、湿度条件是贮存许多物资所必需的。在地下贮存粮食、食油、食品、药品、燃油等，损耗小、质量高、贮存成本低、经济、节能效益高、节省城市仓库用地，因而得到了广泛的发展。在一些发达国家的大城市中，冷冻的半成品食品非常普及，消耗量很大，地下冷库为这些食品的贮存、周转提供了廉价和方便的条件。

瑞典等一些北欧国家，城市多直接建在基岩上，因此有可能在市区内建造大型地下燃油库、热水库等，直接为地上居民服务，运输距离大为缩短。在地质条件有利时，还可在地下大量贮存饮用水，海滨城市则可以贮存淡水。此外，把某些危险品和有害的城市废弃物贮存在地下深层空间中，是比较安全的。

9. 防灾空间

地下空间对于各种自然的和人为的灾害都具有较强的防护能力，因而地下空间被广泛用于防灾。中国、瑞士、瑞典、芬兰等国建造的大量核掩蔽所，占这些国家城市地下空间利用的较大比重。瑞士、瑞典等国的核掩蔽所，按每人一个床位的标准，已足够全国人口的 80％～90％使用，到 21 世纪末将达到 100％。

此外，地下建筑受地震的破坏作用要比地面建筑轻得多，因为地震波的加速度在地表面处最大，越深则越小，在地下 30m 处仅为地表面处的 40％。像日本等多地震国都把地下空间指定为地震时的避难所。

从以上地下空间利用的多种内容看，城市地下空间较适合于人在其中短时间活动的内容和不需要天然光线的内容，如出行、购物、文娱、体育等。对于根本不需要人或仅需要少数人进行管理的一些内容，如贮存、物流、废弃物处理等，则更为合适。

从目前世界上发达国家在地下空间利用方面的情况，可以看到我国的差距，要借鉴发达国家的经验：

北欧各国如瑞典在地下空间利用方面，除了住宅的地下室及城市设施外，可以看到很多利用坚固的岩石洞穴建设的城市构筑物，其中有地下街道、地铁隧道、公用设施沟、停车场、空调设施及地下污水处理厂。生产设施除地下工厂外，还有地下核电站、石油储罐、食品仓库及地下避难所，还有一系列的地下商城。

美国将很多设施置于地下，地下空间的利用是多方面的、广泛的。例如，将城市地下空间利用点、线、面以整体网络型组合起来。其中生活设施有考虑到节约采暖、空调费用的地下住宅及复式住宅；城市设施主要从更新城市机能及节约能源的角度考虑，除地下街道及地下铁路、道路隧洞外，还有考虑到与自然比较协调及采光要求的半地下式大学；贮藏设施除食品贮藏外，还正式研究开发保存放射性废料的设施；交通设施有道路隧洞、地下停车场等；而地下核防护设施则居世界之首。

日本由于国土面积较小，地下空间的综合利用虽比北欧等国起步晚，但是地下街道、地下车站、地下铁道、地下商场的建设规模和成熟程度可以认为已居世界领先地位。

我国地下空间利用最早始于西北黄土高原，至今还有 4000 多万人居住在延续数千年的窑洞建筑中，在黄土层中还修建过结构简单、圆筒拱形的地下粮库。但是有计划、大规模的建设则是 20 世纪 30 年代的事。我国在 20 世纪 60 年代、70 年代建了一批地下工厂、早期人防工程和北京、天津地下铁道。20 世纪 80 年代各大城市陆续规划、修建了一些适合我国特点的地下综合体工程，集商业、交通、人行过街和停车场等服务设施于一体。如吉林市大世界地下商场、沈阳市车站广场地下街等。上海、南京、广州、青岛等城市已经建造或规划建设地下铁道。与此同时，城市高层建筑地下室随着城市中心及居住小区的开发而大量发展。

1.1.2 地下工程的特点

地下空间开发利用与地上空间开发利用相比有其独到之处。地下空间的恒温性、恒湿性、隔热性、遮光性、气密性、隐蔽性、空间性、安全性等远远优于地上空间。但是，地下空间一经建成后，对其再度改造与改建的难度是相当大的，不可能恢复原样，单就这一点它又远不如地面建筑容易改造与改建，因此它有相当强的不可逆性。另外，地下构筑物的建设成本高、工期长，难于利用太阳光及天然景观，方向性感观较差。所以，现在人们仍对在地下工作与生活持一种偏见。从这种意义上来讲，就要求对地下空间利用计划持慎重态度，要有长远眼光，要经得起后人及时间的检验，对其计划进行多方面论证，认真评估后才能实施。

1. 地下工程的优点

(1) 有效的土地利用；

(2) 环境与利益：地表面空间开放，与自然景观协调一致；

(3) 有效的往来与输送方式；

(4) 节省能源：地下处于稳定的温度和湿度；

(5) 抵御自然灾害：强风、龙卷风、地震等；

（6）噪声和振动的隔离：较少或完全不受噪声和振动的影响；

（7）减少维修管理工作。

2. 地下工程的缺点

（1）获得自然采光的机会有限；

（2）进入和往来的限制；

（3）心理不良影响；

（4）通风、排水、防水困难；

（5）场地局限；

（6）造价高。

1.2　地下工程施工方法

我国城市地下工程建设起步较晚，随着人防、地铁、地下商场、仓库、影剧院等大量工程的建设，特别是近年来的工程实践，城市地下空间开挖技术得到了长足发展和提高，主要的开挖方法有明挖法、矿山法、盾构法，这些技术有的已达到国际先进水平。

1.2.1　明挖法

明挖法具有施工简单、快捷、经济、安全的优点，城市地下隧道式工程发展初期都把它作为首选的开挖技术，其缺点是对周围环境的影响较大。

明挖法的关键工序是：降低地下水位、边坡支护、土方开挖、结构施工及防水工程等，其中边坡支护是确保安全施工的关键技术。

基坑工程根据场地条件、施工方法、开挖方法，可以分为无支护（放坡）开挖与有支护开挖，如图 1-1 所示。

无支护开挖方式既简单又经济，适合具有较大放坡空间时应用，在空旷地区或周围环境允许时能保证边坡稳定的条件下应优先选用。可以结合周边的具体工程环境，配合土体加固技术减少土方开挖量，不进行基坑侧壁的支护结构施作，直接进行基坑开挖。

但是在中心城区地带、建筑物稠密地区，往往不具备放坡开挖的条件。城区缺乏放坡开挖需要的足够空间，并且现有城市空间内存在邻近建（构）筑物基础、地下管线、运输道路等，尤其地下管线埋深较浅，在平面分布上很广，新建建筑物红线范围有限，因此，基坑开挖大部分情况下采用在支护结构保护下进行垂直开挖的施工方法，如：

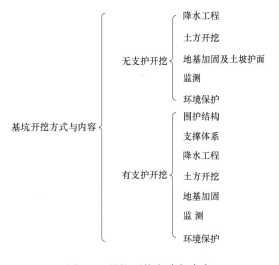

图 1-1　基坑开挖方式与内容

1. 排桩支护技术

一般有人工挖孔或机械钻孔两种方式。钻孔中灌注普通混凝土和水下混凝土成桩。支护可采用双排桩加混凝土连梁，也可采用桩加横撑或锚杆形成受力体系。

2. 地下连续墙支护技术

一般采用钢丝绳和液压抓斗成槽，也可采用多头钻和切削轮式设备成槽。连续墙不仅能承受较大载荷，而且具有隔水效果，适用于软土和松散含水地层。

3. 锚杆（索）支护技术

在孔内放入钢筋或钢索后注浆，达到强度后与桩墙进行拉锚，并加预应力锚固后共同受力，适用于高边坡及受载大的场所。

4. 混凝土和钢结构支撑支护方法

依据设计计算在不同开挖位置上灌注混凝土内支撑体系和安装钢结构内支撑体系，与排桩或连续墙形成一个框架支护体系，承受侧向土压力，内支撑体系在做结构时要拆除。

城市基坑工程由于施工空间受到限制，基坑开挖只能由上至下进行，同时支护结构也要由上至下进行施作，称之为逆作法支护结构。

盖挖法可看作一种特殊的明挖法形式，指的是边坡支护为地下连续墙、排桩灌注桩，其上为盖板所构成的框架结构，并在其保护下开挖及施工的方法。可分为由浅而深地逐层开挖、逐层做结构的盖挖逆作法以及依次开挖至底后再做结构的正作法两种。前者适用于地质条件复杂、开挖断面大的情况，后者反之。盖挖法适用于市区高层建筑密集区，具有快速、经济、安全的优点，是较明挖法对环境影响小，较暗挖法成本低的一种方法。

1.2.2 矿山法

矿山法施工的应用主要有山岭隧道的新奥法施工及城市地下工程的矿山法施工。

新奥法是把围岩和支护结构作为一个统一的受力体系来考虑，围岩既是荷载的来源，又是支护结构体系的一部分，围岩和支护结构相互作用。

新奥法施工的基本思想是：充分利用围岩的自承能力和开挖面的空间约束作用，开挖作业强调尽量减少对围岩的扰动，土质隧道采用机械或人工施工，岩质隧道采用光面或预裂爆破施工，采用锚杆和喷射混凝土作为主要支护手段，及时对围岩进行加固，约束围岩的松弛和变形，并通过对围岩和支护结构的监控、量测来指导地下工程的设计与施工。

新奥法的技术要点为：充分保护围岩，减少对围岩的扰动；充分发挥围岩的自承能力；尽快使支护结构闭合；加强监测，根据监测数据指导施工。

新奥法的基本原则为：少扰动、早喷锚、快封闭、勤量测。

矿山法沿用了新奥法的基本原理，创建了信息化量测反馈设计和施工的新理念；采用先柔后刚复合式衬砌新型支护结构体系，初期支护按承担全部基本荷载设计，二次模筑衬砌作为安全储备；初期支护和二次衬砌共同承担特殊荷载。应用矿山法进行设计和施工时，同时采用多种辅助工法，超前支护，改善加固围岩，调动部分围岩的自承能力；采用不同的开挖方法及时支护、封闭成环，使其与围岩共同作用形成联合支护体系；在施工过程中应用监控量测、信息反馈和优化设计，实现不塌方、少沉降、安全生产与施工。矿山法大多应用于第四纪软弱地层中的地下工程，由于围岩自身承载能力很差，为避免对地面建筑物和地下构筑物造成破坏，需要严格控制地面沉降量。

矿山法施工分类如下：

1. 台阶法

将结构断面分成两个或几个部分，即分成上下两个工作面或几个工作面，分步开挖。根据地层条件和机械配套情况，台阶法又可分为正台阶法、中隔墙台阶法等。该法在矿山法中应用最广。

2. CD 法（中隔墙法）

主要适用于地层较差和不稳定岩体，且地面沉降要求严格的地下工程施工。在原正台阶法的基础上增加了中隔墙。

3. CRD 法（交叉中隔墙法）

当 CD 工法不能满足要求时，可在 CD 工法的基础上加设临时仰拱，将原 CD 工法先挖中壁一侧改为两侧交叉开挖、步步封闭成环、改进发展的一种工法。

4. 双侧壁导坑超前中间台阶法（眼镜法）

是变大跨度为小跨度的施工方法，其实质是将大跨度（>20m）分成三个小跨度进行作业，主要适用于地层较差、断面很大的地下工程施工。但该法工序较复杂，导坑的支护拆除困难，有可能由于测量误差而引起钢架连接困难，从而加大了下沉值，而且成本较高，进度较慢。

5. 中洞法

先开挖中间部分（中洞），在中洞内施作梁、柱结构，然后再开挖两侧部分（侧洞）。由于中洞的跨度较大，施工中一般采用 CD 法、CRD 法或眼镜法等进行施作。中洞法施工工序复杂，但两侧洞对称施工，比较容易解决侧压力从中洞初期支护转移到梁柱上时产生的不平衡侧压力问题，施工引起的地面沉降较易控制。

6. PBA 法（洞柱法）

先开挖，在洞内制作挖孔桩。梁柱完成后，再施作顶部结构，然后在其保护下施工，实际上就是将盖挖法施工的挖孔桩梁柱等转入地下进行施工。

各方法之间的区别见表 1-1。

矿山法的分类

表 1-1

施工方法	示意图	适用条件	特点
台阶法		适用于较好地层的中小型断面，一般断面<8m	施工方便，速度较快，可增设临时仰拱和锁脚锚杆，对控制下沉有利
CD 法		适用于软弱地层的中小型断面，一般断面<8m	施工方便，速度较快，对控制地面沉降有利

续表

施工方法	示意图	适用条件	特点
CRD法		适用于软弱地层且地面控制严格的中型断面,一般断面8～12m	施工复杂,速度慢,有利于控制地面沉降,但成本较高
双侧壁导洞法		适用于软弱地层且地面控制严格的中型断面,一般断面>12m	施工复杂,速度慢,废弃工程量大
PBA法		适用于地层条件差且断面特大的多跨结构,如地铁站、地下停车场、地下商业街等	施工复杂,速度较慢,有利于控制地面沉降

1.2.3 盾构法

盾构法是指在盾构(Shield)的钢壳之内保持开挖面稳定的同时,在其尾部拼装管片,然后用千斤顶顶住已拼装好的衬砌,利用反力将盾构推进。

盾构可按挡土形式、开挖方式及工作面加压方式分类,如表1-2所示。

盾构的分类 表1-2

按挡土形式	按开挖方式	按工作面加压方式
1. 全敞开式 2. 半敞开式 3. 密闭式	1. 手掘式 2. 半机械式 3. 机械式	1. 气压式 2. 泥水加压式 3. 削土加压式 4. 加水式 5. 加泥式 6. 高浓度泥水加压式

所谓全敞开式是指开挖面大部分呈敞露状态,没有挡土机构,根据开挖方式又可分为手掘式、半机械式及机械式三种。这种盾构机适用于开挖面自稳性较好的围岩,若围岩不能自稳则要使用使开挖面稳定的辅助工法。

半敞开式盾构机是指挤压式盾构机。密闭式是在机械式盾构机内设置挡土机构,按稳定工作面的方式不同可分为泥水加压式盾构机、土压式盾构机等。

1. 手掘系统盾构

(1)手掘式盾构

手掘式盾构是最原始的一类盾构,其构造简单、配套设备少、造价低,为敞口式盾构。盾构顶部装有活动前檐以支护上部土体,挖土由人工从上往下进行,每隔2～3m设一个作业平台,可适应各种复杂地层,开挖面可以根据地质条件全部敞开,也可以采用正面支撑,边开挖边支护。掘削下来的土砂从下部通过皮带传输机输送给出土台车,掘削工具一般为风镐、铁锹等。手掘式盾构机具有易处理地下障碍、易于纠偏及造价低（与密闭式盾构相比，价格便宜 20%～40%）的优点，但效率低、进度慢，且不适宜于在含水地层中施工。

（2）挤压式盾构

挤压式盾构分为全挤压式及半挤压式两种，属于敞口式盾构。前者是将手掘式盾构的开挖工作面用胸板密闭起来，把土层挡在胸板外，没有水、土涌入及土体坍塌的危险，并省去了出土工序，可取得比较安全可靠的效果；后者是在密闭胸板上局部开孔，当盾构推进时，土体从孔中挤入盾构，装车外运，省去了人工开挖，劳动条件比手掘式盾构大为改善，效率也成倍提高，但挤压式盾构对地层的扰动较大，易引起地面变形。

（3）网格式盾构

网格式盾构是一种介于半挤压式和手掘式之间的盾构形式，也为敞口式盾构之一。这种盾构在开挖面装有钢制的开口格栅，称为网格。当盾构向前推进时，土被网格切成条状，进入盾构后运走；当盾构停止推进时，网格起到挡土的作用，有效地防治了开外面坍塌。这种盾构对土体的挤压作用比挤压式盾构小，因而引起的地表变形也小。网格式盾构只适用于软弱可塑的黏性土层，当地层含水时，尚需要辅以降水等措施。

2. 半机械式盾构

在手掘式盾构的正面装上挖土机械和出土装置，即成为半机械式盾构。挖土机械有铲斗式、切削式和混合式三种形式。与手掘式盾构相同，盾构顶部装有活动前檐和正面支撑千斤顶。

3. 机械式盾构

在手掘式盾构的切口环部分安装与盾构直径大小相同的旋转大刀盘，对土体进行全断面开挖。它适用于各种土层，尤其适用于极易坍塌的砂性土层中的长隧道，可连续掘进挖土。由旋转刀盘切削产生的渣土经过刀盘上的预留槽口进入土仓，提升和流入漏斗后，再通过传送带运入出土车。这类盾构具有作业环境好、省力、省时、省工、效率高、后续设备多、发生偏差时纠偏难、造价高等特点。

4. 泥水加压式盾构

泥水加压式盾构就是在机械式盾构大刀盘的后面设置一道隔板，隔板与大刀盘之间作为泥水室，在开挖面和泥水室中充满加压的泥水，通过压力保持机构的加压作用，保证开挖面土体的稳定。盾构推进时开挖下来的土体进入泥水室，由搅拌装置进行搅拌，搅拌后的高浓度泥水用流体输送系统送出地面，把送出的浓泥水进行水土分离，然后把分离后的泥水再送入泥水室，不断地循环使用，其全部作业过程均由中央控制台综合管理，可实现施工自动化。其工作原理见图 1-2。

泥水加压式盾构中的泥水主要起到以下作用：

泥水的压力和开挖面水土压力平衡，通常按下式设定：泥水压＝地下水压＋土压＋预压。

地下水压实际上为掘削面地层中的孔隙水压力，一般使用观测井中的测量值，对于黏土地层而言，通常将地下水压计在土压中。土压是指掘削面地层中水平方向上的土压力。预压通常根据经验确定，主要考虑地下水压和土压的设定误差及送、排泥设备中的泥水压变动等因素。

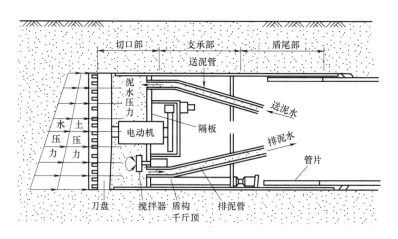

图 1-2　泥水加压式盾构机工作原理

泥水在开挖面后形成一层不透水的薄膜，使泥水产生有效的压力稳定地层；加压泥水可渗透到开挖面内的某一深度，使得开挖面稳定。

可见，泥水加压式盾构是利用泥水压力的特性对开挖面起到稳定作用。泥水要想很好地发挥上述作用，必须具备如下特性：物理稳定性好，化学稳定性好，泥水的粒度级配、相对密度、黏度要适当，流动性好，成膜性好。

通常适合采用泥水加压式盾构的土层地质条件为：粒径在 0.074mm 以下的细粒土含有率在粒径加积曲线的 10% 以上；粒径在 2mm 以上的砾石类土层含有率在粒径加积曲线的 60% 以上；天然含水量在 18% 以上；渗透系数 $K < 1 \times 10^{-2}$cm/s。

盾构法是在地面以下暗挖隧道的一种施工方法，其施工概貌如图 1-3 所示。

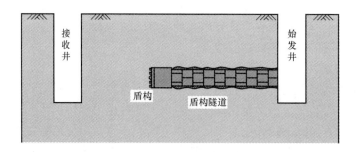

图 1-3　盾构法施工概况

首先在拟建隧道的某段修建一座基坑或竖井，以供盾构安装就位；盾构从基坑或竖井设定的墙壁开孔出发，在地层中沿着设计轴线，向另一座基坑或竖井设计洞口推进。盾构推进过程中不断排出土方，其所受到的地层阻力通过千斤顶传至盾构尾部已经拼装好的隧道衬砌（管片）上，再传至基坑或竖井的后靠背上。盾构是这种施工方法的主要机具，是一种既能支承地层荷载又能在地层中推进的钢筒结构。盾构每推进一环距离，就在盾尾支护下拼装下一环衬砌，并及时向紧靠盾尾后面的衬砌环外周与开挖隧道内周之间的空隙中压注足够的浆液，以防止围岩松弛与地面下沉。

盾构法施工的一般步序为：

(1) 建造竖井，作为盾构始发端，用于拼装盾构机；

(2) 盾构机拼装就位，并试运转；

(3) 盾构始发井进洞处土体加固；

(4) 盾构掘进；

(5) 盾构接收井出洞土体加固处理；

(6) 盾构进入接收井，并调出地面。

盾构法是一项综合性的施工技术，是在闹市区的软弱地层中修建地下工程最好的施工方法之一。盾构法隧道一般埋深较大，基本上不受地面建（构）筑物、深基础、市政设施及交通的影响。

盾构法施工的优点：

(1) 除竖井外，施工作业均在地下进行，安全性较好，且不影响交通，噪声、振动公害小；

(2) 盾构推进、出土、管片拼装等工序，循环进行，易于管理；

(3) 穿越江河、海道时，不影响航运，且不受气候条件影响；

(4) 盾构的推进、出土、衬砌拼装等可实现自动化、智能化和施工远程控制信息化，劳动强度低，施工速度快；

(5) 在软土、地下水位高的地方建设隧道，盾构法具有较大的经济技术优势；

(6) 盾构法施工的费用、技术难度不受隧道埋深的影响。

盾构法施工的缺点：

(1) 不能完全防止施工区域内的地表变形，特别是在饱水和含水的松软地层中施工，地表沉陷风险较大；

(2) 当隧道曲线半径过小或隧道埋深较浅时，施工技术难度大；

(3) 盾构断面尺寸是固定的，适用性较差，且建造短于 750m 的隧道时，经济性较差；

(4) 盾构造价较昂贵，隧道的衬砌、运输、拼装、机械安装等工艺较复杂；

(5) 需要设备制造、气压设备供应、衬砌管片预制、衬砌结构防水及堵漏、施工测量、场地布置、盾构转移等施工技术的配合，系统工程协调复杂。

1.3 大跨地下空间

随着城市地下空间的深度开发，为有效地利用地下空间资源，大深度、大断面的地下工程不断被设计人员所采用，并成为一种发展趋势。

土耳其伊斯坦布尔的 Basilica 地下蓄水池修建于公元 532 年，围岩为灰岩。它由 336 根高 9m 的立柱较密集地支撑着这一巨大地下蓄水池的顶板，洞室宽度达 70m，如图 1-4 所示。

1993 年 5 月落成的挪威 Gjovik 滑冰场，洞室拱顶跨度 61m，岩石覆盖层厚度小于跨度，大约为 25～50m。洞室的支护为 15cm 厚的纤维混凝土喷射层加上长 6m、间距 2.5m 的钢锚杆，是迄今世界上供人员使用的最大跨度的洞室。

图 1-4　Basilica 地下蓄水池

我国青岛原油水封油库跨度 20m，高度 30m，总储油量 300 万 t，可以确保储备，不间断供油。

厦门翔安隧道长约 7.6 km，其中海底段长 4.9km，最深在海平面下约 70m。主洞隧道建筑限界净宽 13.5m，净高 5m。翔安隧道是中国自行设计施工的第一条海底隧道，为中国海底隧道建设的里程碑（见图 1-5）。

青岛胶州湾海底隧道长 7800m，隧道最低点高程为－70.5m，两个隧道跨度皆为 16m，平行布置。在隧洞渐变段最大跨度为 26m。在海底段的两个隧洞间距 55m，中部辅助隧道跨度为 6m，是施工、地质探测、运营检修与安全管理保障通道。胶州湾海底隧道采取钻孔爆破开挖施工，隧道南部存在地质风化深槽，由于防渗及时有效，未发生海水浸入事故。

对于大跨地下空间的施工而言，采用上述单一工法，技术上或经济上总有一定的局限性，应研究在现有技术水平的基础上，经过技术扩展，可进行大型或超大型地下空间施工的方法。

图 1-5　厦门翔安海底隧道

第2章　洞槽桩法和桩墙法

2.1　洞　槽　桩　法

2.1.1　概述

目前，国内城市地下空间结构建造的主要方法有明挖法、矿山法和盾构法，其中对大跨度地下空间结构的施工方法多为明挖法和矿山法，但是前述三种方法在实际使用过程中均受到周边环境、工程地质和水文条件等诸多因素不同程度的制约。

明挖法对于城市地面交通繁忙、周边建筑物众多、地下管线密集的工程环境下修建地下空间结构，施工时必须进行交通疏导、管线改移等，施工产生的噪声、振动等也会对附近居民的生活和工作造成干扰，使得施工所受干扰大、工期较长、工程间接费用高。

矿山法灵活多变，具有对地面建筑物及地下管线影响不大、拆迁占地小、扰民少等优点。在地下空间结构工程地质和水文地质条件差、地下管线密集、周边建筑物密集的环境中，采用矿山法进行大跨度的地下空间结构施工对周边环境和结构上方道路及管线的安全控制要求较高，从而使得施工风险也明显增大。

在城市地下空间结构建设中，与明挖法和矿山法相比，采用盾构法施工具有施工速度快，不需拆迁地面建筑物和地下管线，施工期间噪声小、振动小、不影响地面交通等优点。但是盾构法施工存在断面固定、盾构机对地层变化适应性差等缺点，尤其是在城市轨道交通建设中，盾构区间隧道与车站施工在工期上、组织上的矛盾，盾构机频繁调头拆装等要求，使得盾构法快速施工的优势得不到发挥。

随着城市建设的不断加快，城市地下空间结构的建设也必然受到周边建筑物多、地下管网密集、地面交通繁忙、施工工期要求等诸多因素的制约。

洞槽桩法是一种建造大型地下空间结构的施工方法，尤其是进行暗挖施工的城市地下大跨空间结构，其基本思路为在洞内底板处形成支护桩和在顶部形成槽，由洞、槽、桩形成受力体系，洞可由矿山法或盾构法形成，槽由矿山法施作。该方法不仅解决了城市地下空间结构施工时受周边建筑物多、地下管网密集、地面交通繁忙等诸多因素制约的问题，而且在保证安全和质量的前提下，有效减少了对围岩的多次扰动，使得地表沉降、结构变形都得到了较好的控制，降低了施工风险，实现了盾构隧道管片重复利用，减少了废弃工程量，而且因为顶部槽等可同时施工因而缩短了施工工期，降低了工程造价。

2.1.2　施工步序

洞槽桩法作为一种复合建造大型地下空间结构的施工方法，其施工步序如下：

13

（1）步序一，在计划开始施工端开挖施工竖井。

（2）步序二，根据开挖断面大小及工程的功能要求，确定先行修建 2 个或 2 个以上导洞的断面尺寸，然后在施工竖井内向拟建造地下空间结构的延伸方向先行修建导洞。施工竖井至少为 1 个，分别设置在拟建造地下空间结构的一端、两端或两端及中间。导洞可采用矿山法施工，也可采用盾构法、顶管法等机械式掘进施工。

为了减小对周围土体的扰动，达到有效控制地表沉降，导洞的断面尺寸不宜过大，可根据工程地质与水文地质条件决定的成桩工艺，考虑导洞的大小。导洞采用暗挖法施工时宽度宜在 5m 以内，高度宜在 6m 以内；采用盾构法施工时盾构隧道直径宜为 4～6m。

（3）步序三，在完成的导洞内进行支护桩的施工。支护桩的施工方法目前的成桩工艺均可选用，但应结合工程所处的工程地质和水文地质条件决定。

（4）步序四，在施工竖井内采用矿山法在两相邻导洞之间的上部空间进行顶部槽的施工，顶部槽为钢格栅混凝土结构，且为独立稳定结构；顶部槽两外侧上部预留钢格栅连接钢板，以便于相邻的顶部槽之间通过连接钢板螺栓连接或焊接连接形成整体。

顶部槽的施工不采用大管棚超前方法，而采用小导管注浆、架设钢格栅、喷射混凝土工艺进行施工。顶部槽的宽度宜为 3～5m，高度宜为 1.8～4.0m。顶部槽之间可采用焊接连接或螺栓连接。

根据工期及施工组织安排，步序三和步序四的顺序可以相互调整，也可同时进行施工。

（5）步序五，在导洞内，支护桩上部进行顶部纵梁的施工；破除导洞上部结构，进行顶部主要钢筋混凝土结构的施工，使得支护桩、顶部纵梁、顶部主要钢筋混凝土结构形成整体结构。主要钢筋混凝土结构均可采用预应力钢筋混凝土结构，其水平跨度范围为 8～25m。

（6）步序六，在顶部主要钢筋混凝土结构的保护下，采用矿山法开挖相邻两导洞之间上部土体，拆除上部支护结构，为保证整体结构的稳定性，根据需要可在支护桩之间设置临时水平支撑和临时竖向支撑。

（7）步序七，进行相邻两导洞之间下部土体的开挖，拆除下部支护结构，为保证整体结构的稳定性，根据需要可在支护桩之间设置临时水平支撑。

导洞之间土体的开挖可采用机械开挖，也可采用人工开挖。临时水平支撑、临时竖向支撑为工字钢、槽钢或其他型钢组合支撑，如受拉临时水平支撑也可采用预应力拉杆。

（8）步序八，开挖至结构底部后，分段拆除临时支撑，依次施作底部主要钢筋混凝土结构，在导洞的内壁施作边墙，形成地下空间的整体结构；对于多层结构，也可采用逆作法，在开挖至结构中间层后，施作中间层主要钢筋混凝土结构，在导洞的内壁施作中间层边墙，形成地下空间中间层以上的结构。

顶部主要钢筋混凝土结构和底部主要钢筋混凝土结构可以为平面形状，也可以为弧形等其他形状。

2.1.3 案例

采用洞槽桩法建造的地下空间结构受力明确、施工安全快速、工程造价低、效能较高。该方法可用于建造单层单跨、单层多跨、多层单跨、多层多跨等地下空间结构，特别适用于建造地下大跨度空间结构。

1. 洞槽桩法采用在矿山法修建导洞基础上建造一个地下单层单跨拱形结构

（1）步序一，在计划开始施工端开挖施工竖井。

（2）步序二，在施工竖井内，向拟建造地下空间结构的延伸方向，采用矿山法先行修建 2 个宽 5m、高 6m 的导洞（见图 2-1、图 2-2）。

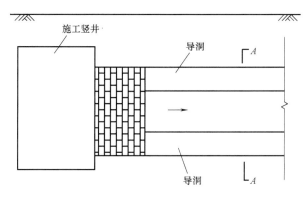

图 2-1　导洞施作

（3）步序三，在施工竖井内采用矿山法在两相邻导洞之间的上部空间进行顶部槽的施工，顶部槽长轴为 4.5m，短轴为 2m，采用钢格栅混凝土结构，且为独立稳定结构（见图 2-3）；顶部槽两外侧上部预留钢格栅连接钢板，以便于相邻的顶部槽之间通过连接钢板螺栓连接或焊接连接形成整体。顶部槽的施工不采用大管棚超前方法，而采用小导管注浆、架设钢格栅、喷射混凝土工艺进行施工。

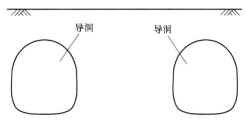

图 2-2　A-A 剖面图

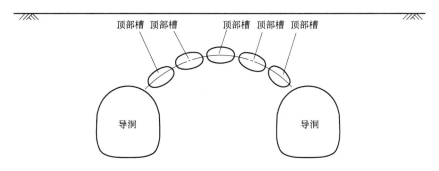

图 2-3　顶部槽施作（矿山法）

（4）步序四，在完成的导洞内，破除下部部分衬砌进行支护桩的施工，支护桩的桩径为 1.2m，桩间距为 2.8m（见图 2-4）。

（5）步序五，在导洞内，支护桩上部进行顶部纵梁的施工；破除导洞上部部分衬砌，进行顶部主要钢筋混凝土结构的施工，使得支护桩、顶部纵梁、顶部主要钢筋混凝土结构形成整体结构，主要钢筋混凝土结构的水平跨度为 18m（见图 2-5）。

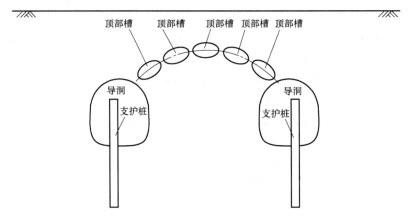

图 2-4　支护桩施作（矿山法）

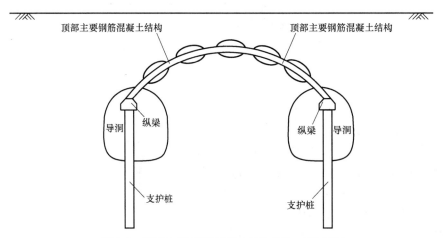

图 2-5　顶部主要钢筋混凝土结构施作（矿山法）

（6）步序六，在顶部主要钢筋混凝土结构的保护下，采用矿山法开挖相邻两导洞之间上部土体，拆除上部部分衬砌，为保证整体结构的稳定性，根据需要可在支护桩之间设置临时水平支撑和临时竖向支撑（见图 2-6～图 2-8）。

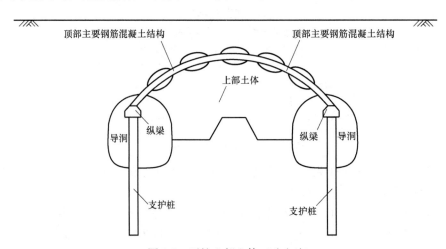

图 2-6　开挖上部土体（矿山法）

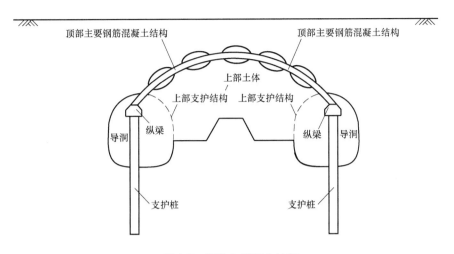

图 2-7　拆除上部部分衬砌

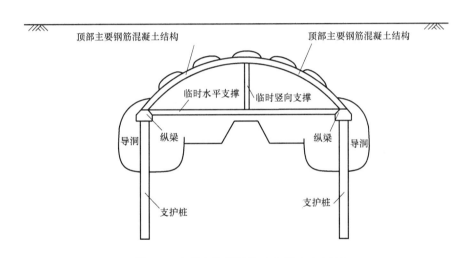

图 2-8　上部土体设置临时支撑（矿山法）

（7）步序七，进行相邻两导洞之间下部土体的开挖，拆除下部部分衬砌，为保证整体结构的稳定性，根据需要可在支护桩之间设置临时水平支撑（见图 2-9～图 2-11）。对于多层结构，开挖至结构中间层后，施作中间层主要钢筋混凝土结构，在导洞的内壁施作中间层边墙，形成地下空间中间层以上的结构。

（8）步序八，开挖至结构底部后，分段拆除临时支撑，依次施作底部主要钢筋混凝土结构，在导洞的内壁施作边墙，形成地下空间的整体结构（见图 2-12、图 2-13）。

步序六和步序七所述临时水平支撑、临时竖向支撑为工字钢、槽钢或其他型钢组合支撑，如受拉临时水平支撑也可采用预应力拉杆。

2. 洞槽桩法采用在盾构法修建导洞基础上建造一个地下单层单跨拱形结构

（1）步序一，在计划开始施工端开挖施工竖井。

（2）步序二，在施工竖井内，向拟建造地下空间结构的延伸方向，采用盾构法先行修建 2 个直径为 6m 的盾构隧道（见图 2-14、图 2-15）。

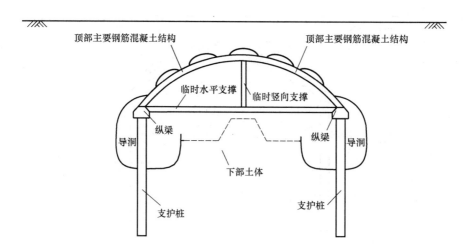

图 2-9 开挖下部土体（矿山法）

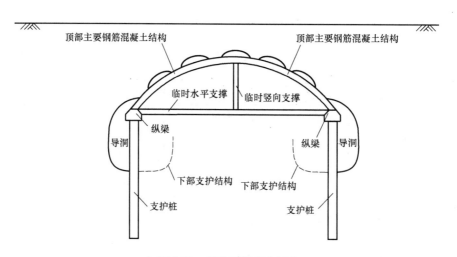

图 2-10 拆除下部部分衬砌

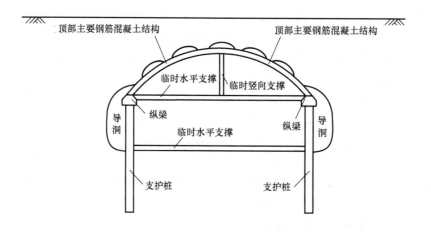

图 2-11 下部土体设置临时支撑（矿山法）

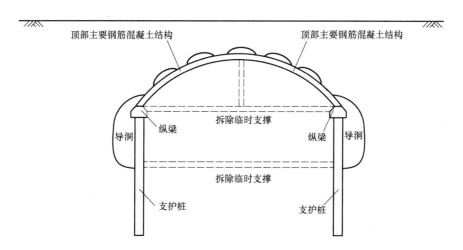

图 2-12　拆除临时支撑（矿山法）

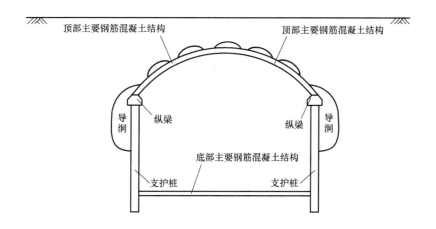

图 2-13　底部主要钢筋混凝土结构施作（矿山法）

（3）步序三，在完成的盾构隧道内，破除下部部分管片进行支护桩的施工，支护桩的桩径为 1.4m，桩间距为 2.8m（见图 2-16）。

（4）步序四，在施工竖井内采用矿山法在两相邻盾构隧道之间的上部空间进行顶部槽的施工，顶部槽长轴为 4.0m，短轴为 2.5m，采用钢格栅混凝土结构，且为独立稳定结构（见图 2-17）；顶部槽两外侧上部预留钢格栅连接钢板，

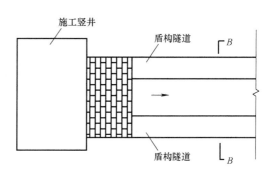

图 2-14　盾构隧道施作

以便于相邻的顶部槽之间通过连接钢板螺栓连接或焊接连接形成整体。顶部槽的施工不采用大管棚超前方法，而采用小导管注浆、架设钢格栅、喷射混凝土工艺进行施工。

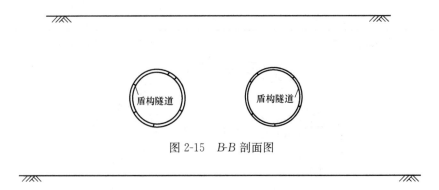

图 2-15　*B-B* 剖面图

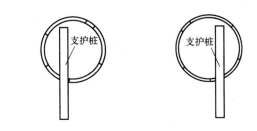

图 2-16　支护桩施作（盾构法）

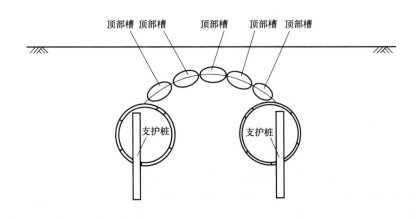

图 2-17　顶部槽施作（盾构法）

（5）步序五，在盾构隧道内，支护桩上部进行顶部纵梁的施工；破除盾构隧道上部管片，进行顶部主要钢筋混凝土结构的施工，使得支护桩、顶部纵梁、顶部主要钢筋混凝土结构形成整体结构，主要钢筋混凝土结构的水平跨度为18m（见图2-18）。

（6）步序六，在顶部主要钢筋混凝土结构的保护下，采用矿山法开挖相邻两盾构隧道之间上部土体，拆除上部盾构管片，为保证整体结构的稳定性，根据需要可在支护桩之间设置临时水平支撑和临时竖向支撑（见图2-19～图2-21）。

（7）步序七，进行相邻两盾构隧道之间下部土体的开挖，拆除下部盾构管片，为保证整体结构的稳定性，根据需要可在支护桩之间设置临时水平支撑（见图2-22～图2-24）。

对于多层结构，开挖至结构中间层后，施作中间层主要钢筋混凝土结构，在盾构隧道的内壁施作中间层边墙，形成地下空间中间层以上的结构。

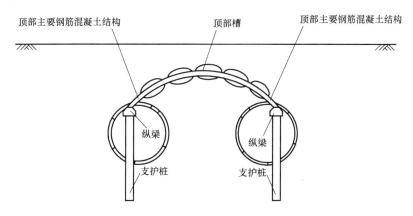

图 2-18 顶部主要钢筋混凝土结构施作（盾构法）

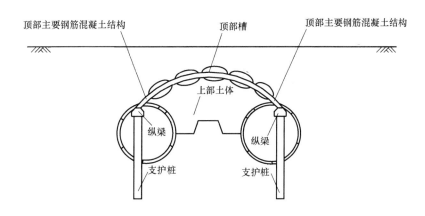

图 2-19 开挖上部土体（盾构法）

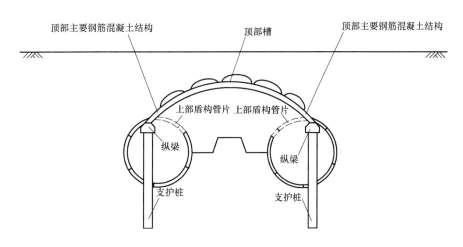

图 2-20 拆除上部盾构管片

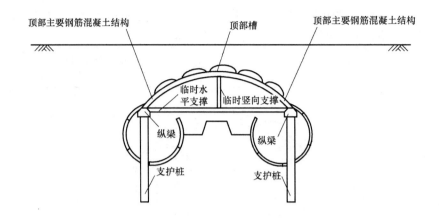

图 2-21 上部土体设置临时支撑（盾构法）

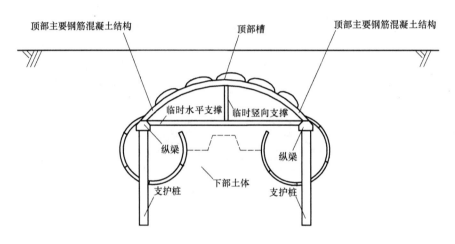

图 2-22 开挖下部土体（盾构法）

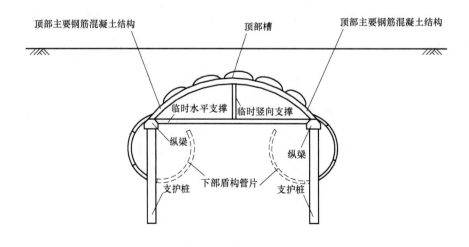

图 2-23 拆除下部盾构管片

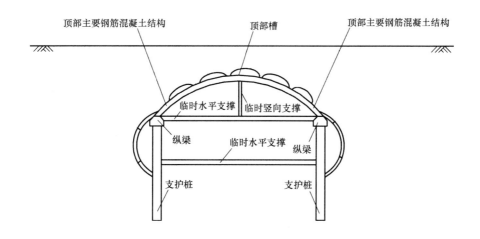

图 2-24   下部土体设置临时支撑（盾构法）

（8）步序八，开挖至结构底部后，分段拆除临时支撑，依次施作底部主要钢筋混凝土结构，在盾构隧道的内壁施作边墙，形成地下空间的整体结构（见图 2-25、图 2-26）。

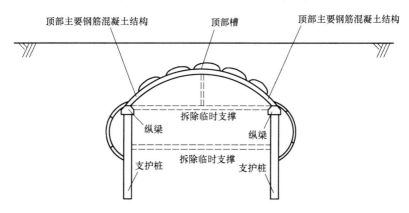

图 2-25   拆除临时支撑（盾构法）

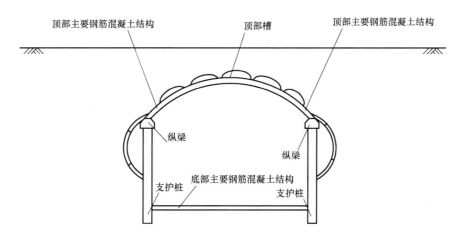

图 2-26   底部主要钢筋混凝土结构施作（盾构法）

步序六和步序七所述临时水平支撑、临时竖向支撑为工字钢、槽钢或其他型钢组合支撑，如受拉临时水平支撑也可采用预应力拉杆。

2.2 桩 墙 法

2.2.1 概述

桩墙法作为一种建造地下空间结构的方法，其基本原理为采用桩或地下连续墙作为主要竖向受力构件，进行地下空间结构施工，该方法能够有效解决现有的地下空间施工方法存在传力途径复杂、施工进度慢、结构整体性差、对周边环境影响大等技术问题。与现有技术相比，桩墙法具有以下特点和有益效果：

（1）桩墙法以预先设置的外侧支护结构与中间支撑构件形成受力体系，在其保护下，采用矿山法进行土体开挖，与现有的明挖法和盖挖法施工相比，极大地减小了占道面积和时间，降低了施工对交通的影响，大大缩短了工程施工工期，工程造价有效降低。

（2）先形成土体支护体系，然后才挖除土体，大大降低了地下空间建设的风险。另外，其支护体系将地上结构受力体系的概念应用到地下空间的施工中，支护体系受力明确，简单明了，可通过模拟和计算在施工之前对施工风险进行控制。

（3）该方法灵活多变，不受地质条件限制，适应性强，可根据工程功能需求，修建多种结构形式，如单层单跨、单层多跨、多层多跨等，为今后地下空间的建设提供了一种广泛适用的新方法。

2.2.2 施工步序

桩墙法作为一种建造大型地下空间结构的施工方法，其施工步序如下：

（1）步序一，在地下工程的走向上进行两排外侧支护结构的施工，外侧支护结构为灌注桩或地下连续墙。

（2）步序二，在外侧支护结构之间间隔施工成排的中间支撑构件，外侧支护结构和中间支撑构件有预留的节点。中间支撑构件为钢管柱、型钢柱或钢筋混凝土柱。

（3）步序三，在计划开始端开挖施工竖井，采用矿山法开挖外侧支护结构与中间支撑构件之间以及中间支撑构件之间上部土体，并在挖空空间的顶部施作顶部初次衬砌，并将顶部初次衬砌中的钢格栅与外侧支护结构和中间支撑构件上预留的节点固定连接。

矿山法的开挖方式为全断面法、台阶法或以上两者组合。顶部初次衬砌中的钢格栅与外侧支护结构和中间支撑构件上预留的节点之间的连接方式为焊接连接或螺栓连接。施工竖井至少为1个，分别设置在拟建造地下空间的一端、两端或两端及中间。

（4）步序四，在顶部初次衬砌、外侧支护结构和中间支撑构件形成整体支护结构后，采用矿山法分层开挖下部土体直至拟建造地下空间结构的底部，并随挖随支，然后在相邻两外侧支护结构之间施作侧面初次衬砌及施作垂直于地下工程走向的临时横支撑。

（5）步序五，施作底部初次衬砌。

步序四和步序五中，临时横支撑和临时竖支撑为型钢支撑。施工完毕底部初次衬砌后，在隧道空间内施工附加支撑构件和架设临时竖支撑。

（6）步序六，分段拆除临时横支撑，切除部分中间支撑构件，并在剩余的中间支撑构件之间施作纵梁，然后补充施工二次衬砌结构，分段拆除临时竖支撑，形成大跨度地下空间结构，而后进行二次衬砌结构施工。二次衬砌结构的施工顺序依次为底面、侧面和顶面。

2.2.3　案例

1. 建造单层多跨地下空间结构

（1）步序一，在地下工程的走向上进行两排外侧支护结构的施工（见图 2-27）。

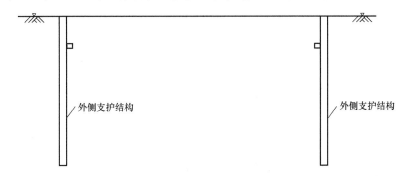

图 2-27　外侧支护结构施作（单层多跨地下空间结构）

（2）步序二，在外侧支护结构之间间隔施工成排的中间支撑构件，外侧支护结构和中间支撑构件有预留的节点（见图 2-28）。

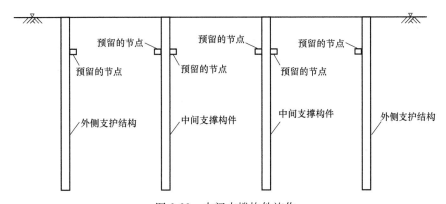

图 2-28　中间支撑构件施作

（3）步序三，在计划开始端开挖施工竖井，采用矿山法开挖外侧支护结构与中间支撑构件之间以及中间支撑构件之间上部土体，并在挖空空间的顶部施作顶部初次衬砌，并将顶部初次衬砌中的钢格栅与外侧支护结构和中间支撑构件上预留的节点固定连接（见图 2-29、图 2-30）。

（4）步序四，在顶部初次衬砌、外侧支护结构和中间支撑构件形成整体支护结构后，采用矿山法分层开挖下部土体直至拟建造地下空间结构的底部，然后在相邻两外侧支护结

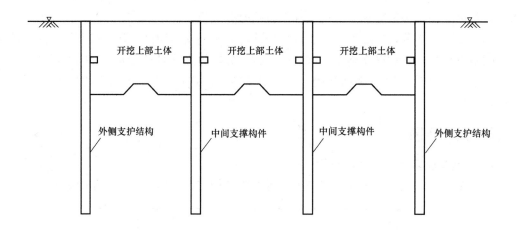

图 2-29 开挖上部土体（单层多跨地下空间结构）

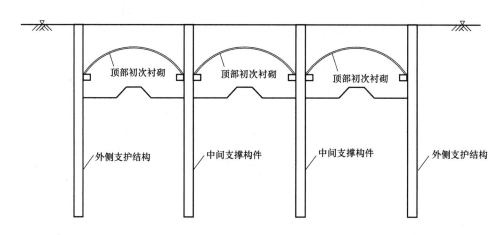

图 2-30 顶部初次衬砌施作（单层多跨地下空间结构）

构之间施作侧面初次衬砌及施作垂直于地下工程走向的临时横支撑（见图 2-31～图 2-33）。

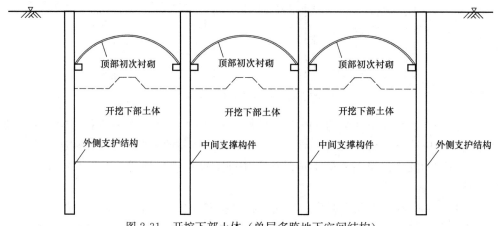

图 2-31 开挖下部土体（单层多跨地下空间结构）

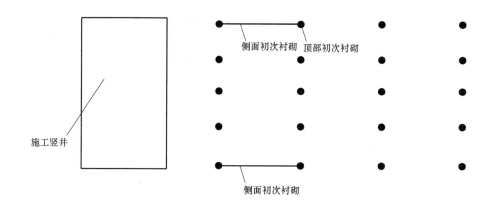

图 2-32　侧面初次衬砌施作（单层多跨地下空间结构）

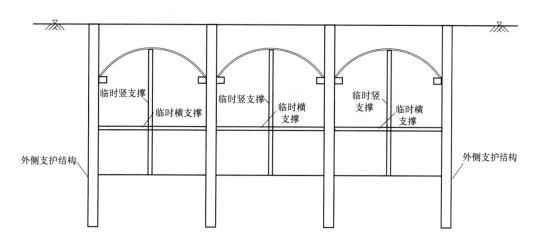

图 2-33　设置临时支撑（单层多跨地下空间结构）

（5）步序五，施作底部初次衬砌（见图 2-34）。

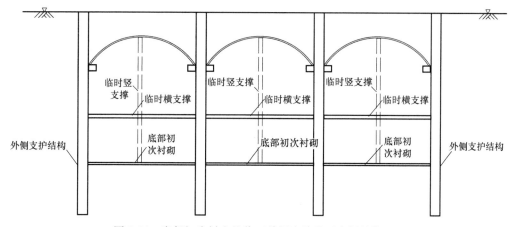

图 2-34　底部初次衬砌施作（单层多跨地下空间结构）

（6）步序六，分段拆除临时横支撑，进行二次衬砌结构施工，形成单层多跨地下空间结构（见图2-35、图2-36）。

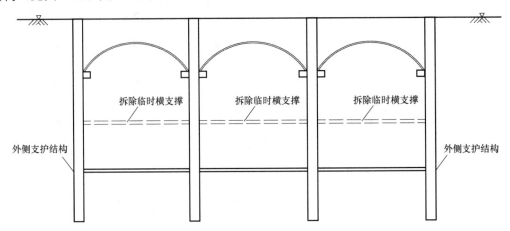

图 2-35　拆除临时支撑（单层多跨地下空间结构）

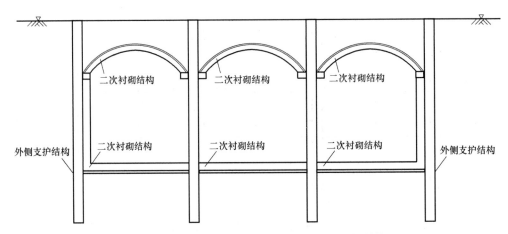

图 2-36　二次衬砌结构施作（单层多跨地下空间结构）

步序一中，外侧支护结构为灌注桩或地下连续墙。

步序二中，中间支撑构件为钢管柱、型钢柱或钢筋混凝土柱。

步序三中，矿山法的开挖方式为全断面法、台阶法或以上两者组合。顶部初次衬砌中的钢格栅与外侧支护结构和中间支撑构件上预留的节点之间的连接方式为焊接连接或螺栓连接。施工竖井至少为一个，分别设置在拟建造地下空间的一端、两端或两端及中间。

步序四和步序五中，临时横支撑和临时竖支撑为型钢支撑。

二次衬砌结构设置在两外侧支护结构、顶部初次衬砌和底部初次衬砌内侧，并在接头处通过防水处理封闭。二次衬砌结构的施工顺序依次为底面、侧面和顶面。

2. 建造单层多洞地下空间结构

参见图2-37，建造单层多洞地下空间结构与建造单层多跨地下空间结构不同的是，二次衬砌结构设置在两外侧支护结构、顶部初次衬砌和底部初次衬砌内侧以及中间支撑构件两侧，并在接头处通过防水处理封闭。

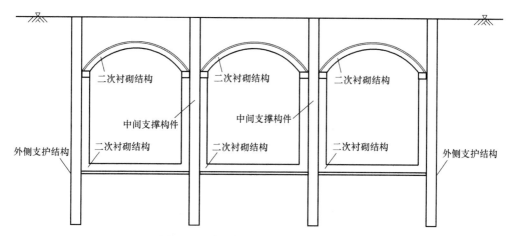

图 2-37 单层多洞地下空间结构示意图

3. 建造多层多洞地下空间结构

参见图 2-38，建造多层多洞地下空间结构与建造单层多洞地下空间结构不同的是，在每层分隔处，设置了横向的二次衬砌结构充当楼板。

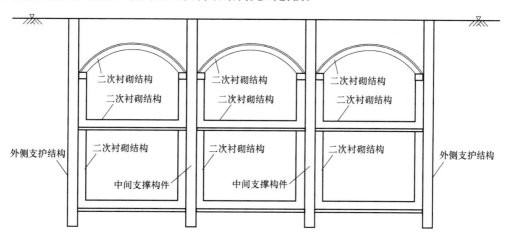

图 2-38 多层多洞地下空间结构示意图

4. 建造大跨度地下空间结构

参见图 2-39～图 2-42，建造大跨度地下空间结构与建造单层多跨地下空间结构不同

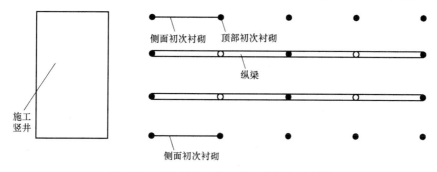

图 2-39 切除部分中间支撑构件结构示意图

29

的是，施工完毕底部初次衬砌后，在隧道空间内施工附加支撑构件和架设临时竖支撑；在进行二次衬砌结构施工前，切除部分中间支撑构件，并在剩余的中间支撑构件之间施作纵梁，然后补充施工二次衬砌结构，分段拆除临时竖支撑，形成大跨度地下空间结构。

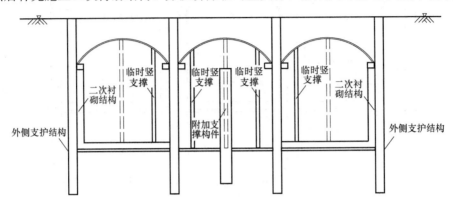

图 2-40　隧道空间内施工附加支撑构件和架设临时竖支撑示意图

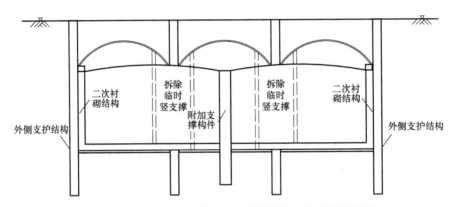

图 2-41　施工二次衬砌结构，分段拆除临时竖支撑示意图

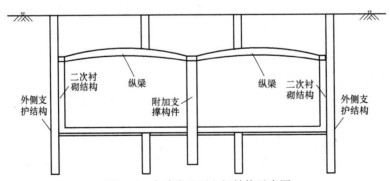

图 2-42　大跨度地下空间结构示意图

5. 建造单层单跨地下空间结构

参见图 2-43～图 2-51，建造单层单跨地下空间结构与建造单层多跨地下空间结构不同的是，仅设置两排外侧支护结构，取消中间支撑构件，其余各步序均做相应调整，二次衬砌结构设置在外侧支护结构之间初次衬砌内侧、顶部初次衬砌和底部初次衬砌内侧，并在接头处通过防水处理封闭。

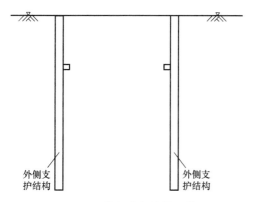

图 2-43　外侧支护结构施作
（单层单跨地下空间结构）

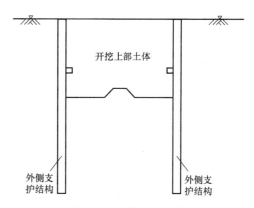

图 2-44　开挖上部土体
（单层单跨地下空间结构）

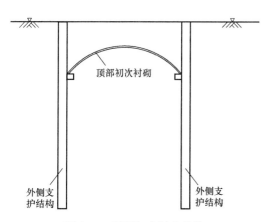

图 2-45　顶部初次衬砌施作
（单层单跨地下空间结构）

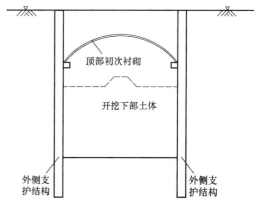

图 2-46　开挖下部土体
（单层单跨地下空间结构）

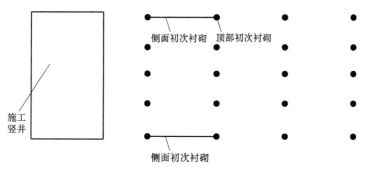

图 2-47　侧面初次衬砌施作（单层单跨地下空间结构）

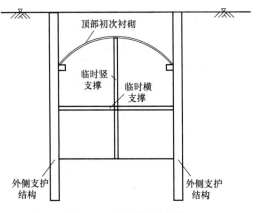

图 2-48　设置临时支撑
（单层单跨地下空间结构）

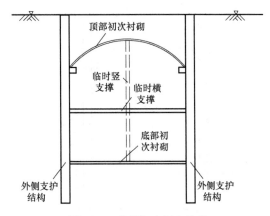

图 2-49　底部初次衬砌施作
（单层单跨地下空间结构）

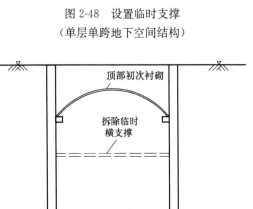

图 2-50　拆除临时支撑
（单层单跨地下空间结构）

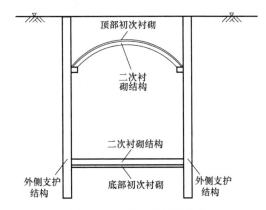

图 2-51　二次衬砌结构施作
（单层单跨地下空间结构）

6. 建造双层单跨地下空间结构

　　参见图 2-52，建造双层单跨地下空间结构与建造单层单跨地下空间结构不同的是，沿两外侧支护结构的内侧全长进行二次衬砌结构的设置，在每层分隔处，设置了横向的二次衬砌结构充当楼板。

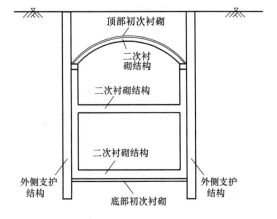

图 2-52　双层单跨地下空间结构示意图

第3章 盾构-矿山复合法

3.1 概 述

盾构-矿山复合工法将盾构法与矿山法有机结合起来，充分发挥盾构法与矿山法两种工法的特点。不仅可以优化车站和区间的设计，实现车站暗挖和区间盾构的有机结合；而且可以实现狭窄道路条件下的线路布置，以及城市密集建（构）筑物环境下的快速高效施工。

该工法对于提高地铁建设质量、加快地铁建设速度、提高盾构设备利用率、降低工程施工风险和对地面交通的影响、增加车站站位选择的灵活性、增强社会效益及环境效益都有重要的现实意义；同时，研究成果可以形成一整套创新、适用的地铁综合建造技术，为城市复杂建设环境条件下地铁建设提供新的思路和技术经验。

3.2 盾构与 PBA 复合方法

3.2.1 概述

盾构与 PBA 复合方法为在盾构掘进完两条区间的基础上，采用 PBA 法扩挖盾构区间之间的土体，并与盾构区间连接，构成车站主体结构。车站主体结构完全采用暗挖施工，在管线改移或交通导改困难地段具有特有的优势；采用 PBA 工法暗挖车站主体结构，断面利用率高，在建筑布局上有明挖的优点，做几层都行；在施工上又具有暗挖的优点，并且克服了暗挖单层大断面开挖及双层大断面开挖所具有的极大风险。且两侧导洞内施作的边桩对两侧的盾构隧道起到了隔离作用，在主体结构施工时对盾构隧道的影响很小，同时采用 PBA 工法对地面影响小，控制沉降效果好，在开挖过程中将大跨度的暗挖风险转化为小导洞的开挖，首先使暗挖的风险大大降低了，同时隔离桩又能有效地防止在暗挖施工过程中由于开挖引起的盾构隧道变形。只要解决好盾构管片与通道接口的节点处理，该工法是极具推广价值的。

3.2.2 施工步序

盾构与 PBA 复合方法的施工步序如下（施工步序图如图 3-1 所示）：

（1）盾构区间施工通过车站；

（2）车站主体结构开挖上导洞，并在上导洞内施作边桩；

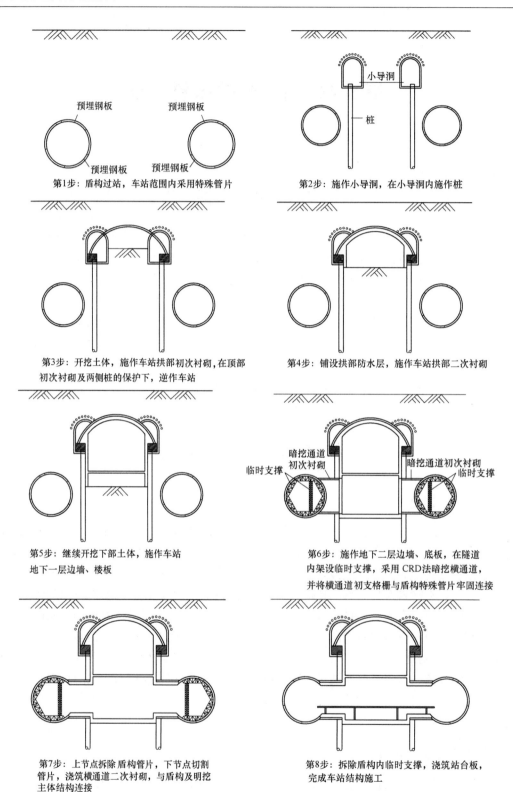

图 3-1　盾构与 PBA 复合方法施工步序图

（3）开挖土体，施作车站拱部初次衬砌；

（4）铺设拱部防水层，施作车站拱部二次衬砌；

（5）施作车站地下一层拱部二次衬砌、边墙、楼板；

（6）开挖地下二层土体，施作地下二层边墙、底板，在隧道内架设临时支撑，采用CRD法暗挖横通道，并将横通道初支格栅与盾构特殊管片牢固连接；

（7）上节点拆除盾构管片，下节点切割管片，浇筑横通道二次衬砌，与盾构及明挖主体结构连接；

（8）拆除盾构内临时支撑，浇筑站台板，完成车站结构施工。

3.3　盾构与 CRD 复合方法

3.3.1　概述

盾构与 CRD 复合方法的出发点是目前地铁车站设计时由于大的市政管线、下穿道路或是人防干道等地下不可拆除的构筑物的限制而经常采用的端头厅方案在盾构扩挖情况下如何实现。

端头厅方案意味着在地铁车站中间需要考虑一定范围内的单层暗挖，而单层暗挖工法和形式的选择也直接决定了车站站台的形式。经结构专业的详细分析计算，采用暗挖工法进行盾构扩挖只有两种形式，一种是车站主体紧贴盾构隧道的薄墙方案，一种是车站主体脱离盾构隧道的塔柱方案。由于在车站两端不论是明挖或是暗挖双层，均需要比中间的暗挖单层部位向侧边外扩一定宽度，而车站主体紧贴盾构隧道的薄墙方案限制了两端双层部位的工法实施，可见端头厅方案的中间单层部分采用塔柱方案才是合理可行的。

3.3.2　施工步序

盾构与 CRD 复合方法暗挖段施工步序如下（施工步序图如图 3-2 所示）：

（1）盾构区间施工通过车站；

（2）在隧道内向中间土体注浆加固，注浆范围进入中间隧道开挖轮廓线 0.5m，以增加中间隧道开挖时中间土柱的承载力，同时在隧道内架设临时支撑，并在隧道外侧施作钻孔灌注桩；

（3）在暗挖中间隧道拱部 120° 范围内采用超前小导管注浆加固；

（4）施作超前小导管，注浆加固地层，分部依次开挖土体，施作初期支护；

（5）分部拆除中隔壁，施作二次衬砌；

（6）跳槽开挖横通道；

（7）拆除每个横通道连接处管片，施作横通道二次衬砌结构；

（8）拆除中间隧道和盾构隧道内的临时支撑，完成车站结构施工。

该方法暗挖段开挖断面较大，施工步序较多，受力转换频繁，对地层的扰动较大，对两侧的盾构隧道而言，可能会引起较大的卸载作用，因此，如何控制两侧盾构隧道的侧移就成为本方案暗挖施工的关键。该方法采用在盾构隧道与暗挖主体结构之间注浆加固地层

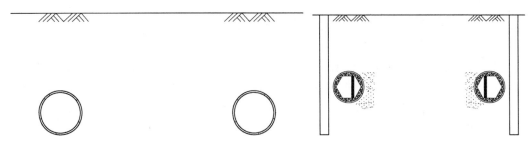

第1步：盾构过站

第2步：在隧道内向中间土体注浆加固，注浆范围进入中间隧道开挖轮廓线 0.5m，以增加中间隧道开挖时中间土柱的承载力，同时在隧道内架设临时支撑，并在隧道外侧施作钻孔灌注桩

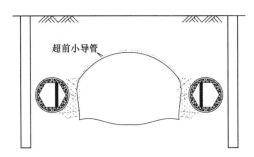

第3步：在暗挖中间隧道拱部120°范围内采用超前小导管注浆加固

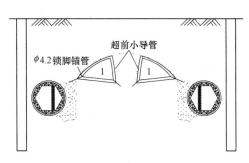

第4步：施作左右侧上导坑超前小导管，开挖上导坑 1 部土体，施作初期支护和临时支撑，并打设锁脚锚管

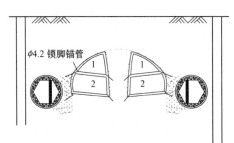

第5步：施作左右侧上导坑超前小导管，开挖上导坑2部土体，施作初期支护和临时支撑，并打设锁脚锚管

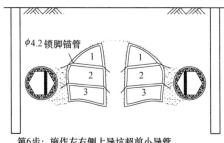

第6步：施作左右侧上导坑超前小导管，开挖上导坑3部土体，施作初期支护和临时支撑

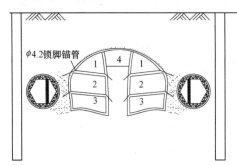

第7步：弧形导坑开挖4部土体，施作初期支护

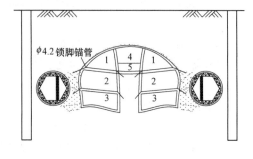

第8步：开挖5部土体，施作初期支护和临时仰拱支撑

图 3-2　盾构与 CRD 复合方法暗挖段施工步序图（一）

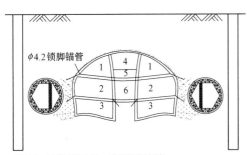

第9步：开挖6部土体，施作初期支护
和临时仰拱支撑

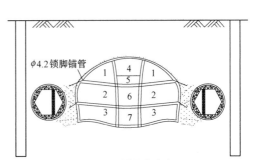

第10步：开挖7部土体，施作初期支护

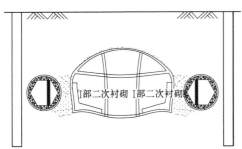

第11步：拆除中下部临时支撑，施作
Ⅰ部二次衬砌，架设临时倒换支撑

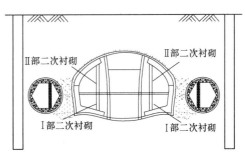

第12步：拆除中上部临时支撑，施作
Ⅱ部二次衬砌，架设临时倒换支撑

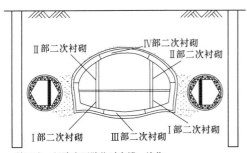

第13步：拆除中隔壁临时支撑，施作
Ⅲ部和Ⅳ部二次衬砌

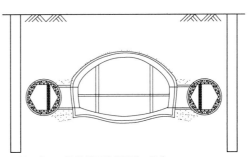

第14步：CD法跳槽开挖横通道，施作
初期支护和临时竖向支撑

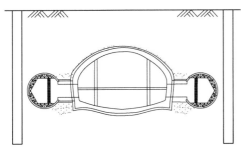

第15步：拆除隧道内部分支撑，并分
两次拆除每个横通道连接处管片，施作
横通道二次衬砌结构

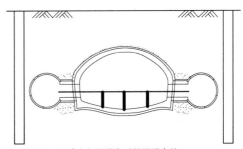

第16步：拆除中间隧道和盾构隧道内的
临时支撑，施作车站站台板，完成车站结构施工

图 3-2　盾构与 CRD 复合方法暗挖段施工步序图（二）

的措施来控制两侧盾构隧道的侧移，必要时还可根据施工时监控量测的结果采取从盾构管片吊装孔向外侧地层打设锚管的形式进一步控制盾构管片位移。同时在隧道外侧设隔离桩，能够起到隔离部分土压力的作用，在暗挖施工时，避免隧道向卸载侧发生较大的变形，从而起到保护盾构隧道的作用。

3.4 盾构与导洞复合方法

3.4.1 概述

盾构与导洞复合方法适用于在城市中建造地铁车站、大断面隧道、地下交通等地下工程，可修建单层单跨、单层多跨、多层多跨等各种形式的地下工程结构。该方法大大降低了地下工程的施工风险、减少了废弃工程量、缩短了施工工期、降低了工程造价，且盾构隧道管片可重复利用，为今后地下工程建设提供了一种新方法。

3.4.2 施工步序

盾构与导洞复合方法建造地下空间（隧道）结构，包括以下几个步骤：

（1）步序一，在计划开始施工端开挖施工竖井。

（2）步序二，盾构法先行修建两个或两个以上隧道结构（见图3-3），根据开挖断面大小及工程的功能要求确定先行修建的盾构隧道的直径。盾构隧道的修建可以从拟建造地下空间的一端施工、两端同时施工或两端及中间同时施工。在盾构施工过程中在盾构隧道顶部管片中预埋钢板，在完成的盾构隧道内施工内支撑结构，并在完成盾构施工的盾构隧道内直接浇筑边墙。

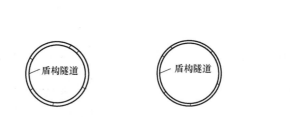

图 3-3 隧道结构施作

（3）步序三，在施工竖井内，采用矿山法开挖相邻两盾构隧道之间（根据工程地质和水文地质条件，将盾构隧道之间的距离控制在 $2\sim12m$ 的范围内）的上部土体，并施作顶部初次衬砌（见图3-4、图3-5）。

顶部初次衬砌施作阶段，将顶部钢格栅两端通过连接钢板螺栓连接或焊接至盾构隧道顶部管片中的预埋钢板上，连接要牢固、稳定，使顶部初次衬砌与盾构隧道形成整体。

（4）步序四，采用矿山法开挖相邻两盾构隧道之间的下部土体，形成中间隧道，并施作中间隧道的底部初次衬砌（见图3-6、图3-7）。

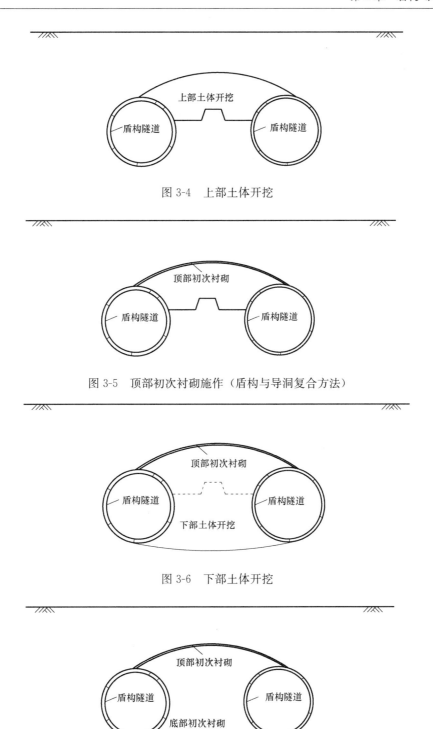

图 3-4　上部土体开挖

图 3-5　顶部初次衬砌施作（盾构与导洞复合方法）

图 3-6　下部土体开挖

图 3-7　中间隧道底部初次衬砌施作

　　土体的开挖可以从盾构竖井沿隧道走向进行盾构隧道之间土体的开挖，也可以根据隧道长度、工程工期等需要在盾构隧道结构特殊管片部位开口，形成多个盾构隧道之间的土体开挖作业面。同时，在盾构隧道结构开口时，必须保证开口部位管片节点的稳定性。

（5）步序五，在中间隧道内设置临时支撑（见图3-8），临时支撑为工字钢或槽钢，且必须具有足够的强度和刚度。在临时支撑与已有盾构隧道、顶部初次衬砌、底部初次衬砌形成了一个整体的稳定的受力结构后，拆除盾构隧道的部分管片（见图3-9）。

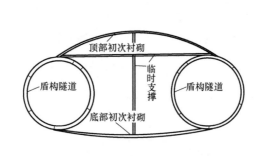

图3-8　中间隧道设置临时支撑

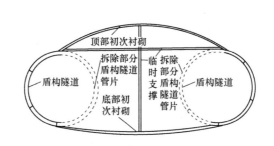

图3-9　拆除部分盾构隧道管片

（6）步序六，分段拆除中间隧道内的临时支撑，依次施作底部二次衬砌、顶部二次衬砌以及在盾构隧道的内壁施作边墙（边墙为直立面边墙或外凸弧面边墙），形成地下空间的整体二次衬砌结构（见图3-10、图3-11）。

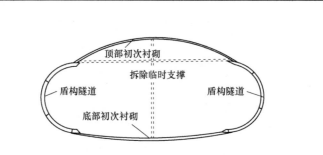

图3-10　拆除中间隧道内的临时支撑

盾构与导洞复合方法建造地下空间（隧道）结构，其有益效果包括：

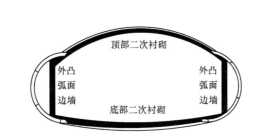

图 3-11 形成地下空间整体二次衬砌结构

（1）盾构隧道之间土体的开挖是在形成了一个自身稳定的结构后进行的土体开挖，极大地减小了施工风险以及对地层的扰动。

（2）充分发挥了盾构法施工速度快与矿山法断面灵活多变的优点，施工安全高效，结构受力明确，大大缩短了施工工期，降低了工程造价。

3.5 案 例

盾构与导洞复合方法是一种安全、快速、经济的地下空间（隧道）结构建造方法，该方法适用于在城市中建造地铁车站、大断面隧道、地下交通等地下工程，可修建单层单跨、单层多跨、多层多跨等各种形式的地下工程结构。

1. 地下公路交通隧道的修建

某地下公路交通隧道采用盾构-矿山法复合方法修建而成。根据盾构-矿山法复合方法，首先修建 3 条盾构隧道，如图 3-12 所示。在两侧盾构隧道内分别架设临时支撑，起到稳定隧道结构的作用；在中间盾构隧道内施作中立柱，如图 3-13 所示。根据工程的功能需要，可以在中立柱上预留部位作为上下行隧道结构的联络通道。按照本工法开挖相邻两盾构隧道结构之间的上部土体，并施作盾构隧道顶部初次衬砌以及底部初次衬砌，如图 3-14 所示。拆除先行修建的盾构隧道的部分管片结构，随后施作隧道结构的底部二次衬砌和顶部二次衬砌，与盾构隧道形成整体结构，如图 3-15 所示。

图 3-12 盾构隧道修建

此外，在两侧的盾构隧道内也可采用施作钢筋混凝土结构代替临时支撑，并可作为隧

图 3-13　临时支撑架设，中立柱施作

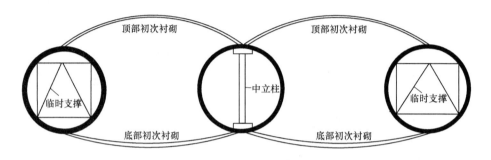

图 3-14　上部土体开挖，初次衬砌施作

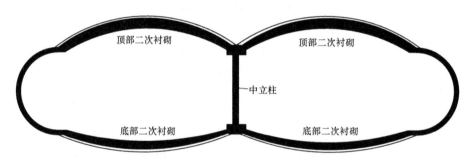

图 3-15　管片结构拆除，二次衬砌施作

道结构的边墙，该边墙可以修建为直立形或弧形等。而边墙与盾构隧道结构之间的空间可以作为通风、应急通道等，从而最大限度地利用修建的地下空间结构。

2. 地铁盾构隧道大断面渡线的修建

图 3-16～图 3-19 所示为采用盾构-矿山法复合方法修建的地铁盾构隧道大断面渡线。在已经修建好的左线盾构隧道和右线盾构隧道的基础上，采用盾构-矿山法复合方法从盾构施工竖井或地铁车站沿着隧道方向开挖已建盾构隧道之间的土体，如图 3-16 和图 3-17 所示。根据提供的施工方法，依次开挖盾构隧道之间的土体，施作顶部初次衬砌、底部初次衬砌、架设支撑及拆除盾构隧道上的部分管片，即可完成地铁盾构隧道之间的大断面渡线，如图 3-18 和图 3-19 所示。

3. 地铁车站及多层多跨地下结构的修建

图 3-20、图 3-21 所示为采用盾构-矿山法复合方法修建的地铁车站及多层多跨地下结构。在修建好的 3 个盾构隧道的基础上（参见图 3-12），在中间盾构隧道的内部施作中立

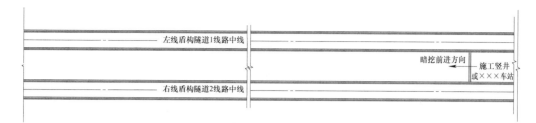

图 3-16　已建盾构隧道之间土体开挖（平面图）

图 3-17　已建盾构隧道之间土体开挖（剖面图）

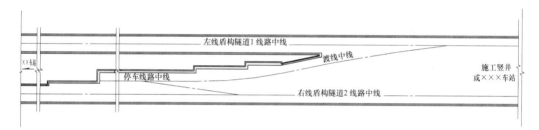

图 3-18　盾构隧道之间的大断面渡线（平面图）

图 3-19　盾构隧道之间的大断面渡线（剖面图）

柱，并在顶部设置贯穿整个地铁车站或多层多跨地下结构全长的顶纵梁，如图 3-20 所示。在两侧的盾构隧道内分别施作结构的边墙，边墙可根据工程的功能需要设置成直立面或弧形。依次开挖相邻盾构隧道之间的土体，顶部初次衬砌的施作、管片的拆除以及顶部二次衬砌结构的施作均可按照盾构-矿山法复合方法的步序进行。在顶部二次衬砌结构与边墙及中立柱形成整体结构后，可以采用顺作法或逆作法进行下部多层结构的施工。此外，边墙与盾构隧道结构之间的空间可以作为通风、应急通道等。

　　为了更直观地了解盾构-矿山法复合方法而举了上述 3 个实例，但这些实例仅用来进一步说明该方法的细节及效果，并不对该方法构成限制。

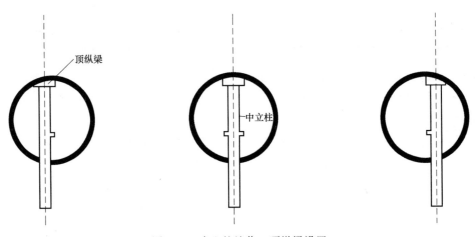

图 3-20　中立柱施作，顶纵梁设置

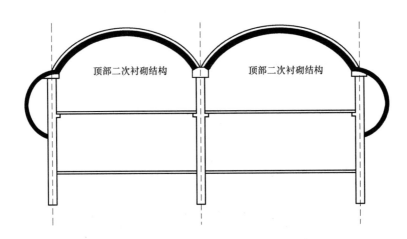

图 3-21　地铁车站及多层多跨地下结构修建完成

第4章 大直径盾构扩挖法

4.1 概　　述

结合盾构法修建地铁车站的技术能有效解决盾构区间施工和车站施工的矛盾，提高盾构设备的利用率，加快全线建设进度，优化整体施工组织，减小对环境的影响。从目前的发展形势来看，各国都在这一方面进行积极的探索和实践。

现在世界上已有四十多个国家修建了地铁，盾构法开展较早的国家现已有大量的盾构隧道工程，俄罗斯、德国和日本等国都是较早采用盾构法施工地铁隧道的国家，近几十年来依托先进的科学技术，盾构技术也日臻成熟，积累了很多工程经验，其成果在世界盾构法应用中已处于领先地位。本章收集的主要是俄罗斯、德国、日本的相关工程资料，我国采用盾构法施工地铁隧道的时间较短，针对盾构过站问题的研究还处于探索阶段，目前已有的研究成果都是在两条外径6m的区间盾构隧道基础上进行扩挖车站施工。

俄罗斯是世界上最早建造地铁的国家之一，莫斯科地铁是目前世界第五大地铁系统。由于莫斯科市中心建筑密集而无法提供地面施工场地，因此大约从1956年开始修建深埋地铁。这些深埋地铁普遍采用大直径盾构基础上扩挖修建成的三拱塔柱式和三拱立柱式车站，施工方法有结合横通道法和半盾构法。深埋地铁的优势在于选线不必一定沿着街道或建筑物较少的地区，几乎不影响地下原有管线设施的正常运作，对地面建筑影响小，但在竖向升降和换乘上需要花费乘客较多时间。立柱式车站首先修筑两侧的盾构隧道，然后用半盾构法修筑中间部分。立柱式车站的特点是两侧隧道衬砌环不封闭，用钢格构梁支撑在钢柱上，形成结构支撑体系后再在半盾构的掩护下进行扩挖施工。塔柱式车站分三个阶段完成，首先修筑两侧的盾构隧道，然后修筑中间隧道，最后以交错方式修筑横通道将三个隧道连接起来。前两个阶段采用机械开挖，横通道阶段采用人工开挖。塔柱式车站是俄罗斯地铁中用的最多的车站形式。表4-1为苏联结合盾构法修建地铁车站统计情况。

结合盾构法修建地铁车站统计（苏联）　　　　表4-1

车站	断面形式	断面示意图	站台宽度（m）	盾构隧道外径(m)	管片材料	扩挖方法
马雅科夫斯基站	三拱立柱式		14.1	9.5	铸铁	半盾构法
巴维列茨克站	三拱立柱式		13.9	9.5	铸铁	半盾构法

车站	断面形式	断面示意图	站台宽度（m）	盾构隧道外径(m)	管片材料	扩挖方法
基辅地铁车站	三拱塔柱式		19.1	8.5	钢筋混凝土	横通道法
莫斯科地铁车站	三拱立柱式		14.1	9.5	铸铁	半盾构法
圣彼得堡车站	三拱墙柱式	—	8.8	5.5	铸铁	半盾构法
十月革命站	立柱式	—	10.0	5.5	铸铁	明挖法
撒马尔车站	单拱形式	—	10.0	5.5	钢筋混凝土	盖挖法

日本采用盾构法始于 1962 年，自 20 世纪 80 年代以来，盾构技术得到了长足发展，广泛应用于城市基础建设中。目前日本的盾构技术居世界领先地位，利用盾构法修建地铁车站的工程实例有很多。大阪、东京多处地铁车站采用盾构法修建两条并列的行车隧道，然后用托梁法、半盾构法在两条隧道间修建站厅部分，形成眼镜形车站。这些方法需要进行大范围的地基加固，目前日本已有 10 个这种扩挖车站。

日本在新型盾构技术方面做了很多工作，例如在城市繁华地段无明挖条件的情况下，采用三连体盾构机修建地铁车站。另一种施工方法是对盾构隧道上的部分区段进行直径扩展，以满足修建地铁车站和安装其他设备之需。表 4-2 为日本结合大直径盾构隧道修建地铁车站统计情况。

结合盾构法修建地铁车站统计（日本）　　　　　　表 4-2

车站	断面形式	断面示意图	站台宽度（m）	盾构隧道外径(m)	管片材料	扩挖方法
木场镇站	双线盾构＋横通道		3.0	7.7	铸铁	—
高岛町站	双线盾构＋横通道		4.0	8.8	铸铁	—
永田町站	双线盾构＋横通道		10.6	8.6	铸铁	半盾构法
新御茶水站	双线盾构＋横通道		9.0	7.7	铸铁	托梁法
马险町站	双线盾构＋横通道		2.7	8.8	钢筋混凝土	半盾构法
高轮台站	双线盾构＋横通道	—	15.0	8.0	铸铁	矿山法
国会议事站前站	双线盾构＋横通道	—	11.5	8.6	铸铁	托梁法
新桥站	双线盾构＋横通道	—	10.0	7.6	铸铁	托梁法
三越前站	双线盾构＋横通道	—	9.9	8.0	铸铁	半盾构法
阿倍野站	双线盾构＋横通道	—	9.7	8.1	铸铁	托梁法

德国大直径盾构扩挖车站的典型代表是德国科隆城市南北线上的 Rathaus、Severin-strasse、Kartäuserhof 和 Chlodwig-Platz 四个车站，采用外径 8.4m 的盾构机修建两条行车隧道，车站的布局是将行车隧道与修建在两条隧道间的站体竖井连接起来，形成车站的站台层。

根据盾构隧道外径大小分类，6m 以下为小直径盾构隧道，6m 以上为大直径盾构隧道，针对盾构过站问题，按照隧道外径分为扩挖大直径盾构隧道修建地铁车站和扩挖小直径盾构隧道修建地铁车站以及新型盾构车站。扩挖大直径盾构隧道修建地铁车站的方法，主要有结合横通道法、半盾构法、托梁法、暗挖法、明挖法和管棚法，盾构隧道外径在7.6～9.5m 之间。

本章以北京地铁 14 号线东风北桥站至高家园站工程为例，进行大直径盾构扩挖法的介绍。

4.2　工　程　概　况

北京地铁 14 号线东风北桥站至高家园站沿线部分道路狭窄，地下管线密集，且两侧紧邻建筑物，行车隧道采用内径 9.0m、限界 8.8 m 的单洞双线盾构隧道。将台站设在酒仙桥路与将台路交叉口南侧，全长 168.0m。车站站台、站厅分离布置，两部分用联系通道连接。站台形式为单层侧式站台，采用 PBA 法扩挖形成。车站站台部分主体结构标准段宽度为 17.8m，车站底板埋深约 25.0m。风道位于站端，兼作暗挖施工横通道，风道宽度为 12.6m，高度为 20.3m，埋深约 29.0m。集散厅和附属用房外挂，布置在酒仙桥东侧绿地内，为地下 3 层。上跨人行横通道连接集散厅和远端站台，集散厅采用明（盖）挖法，横通道采用暗挖法，如图 4-1 所示。

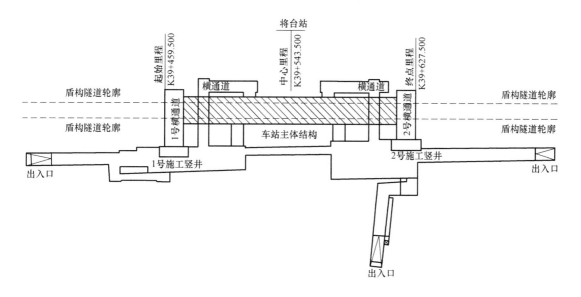

图 4-1　车站总平面图

根据地质勘察报告，工程沿线地面以下 50.9m 深度范围内地层，按其沉积年代及工程性质可分为人工堆积层和第四纪沉积层。本场区按地层岩性及其物理力学性质进一步分为若干层，各土层及其物理力学参数如表 4-3 所示。

土层物理力学参数　　　　　　　　　　　　　　　　表 4-3

土层	厚度 （m）	密度 （kg/m³）	弹性模量 （MPa）	泊松比	黏聚力 （kPa）	内摩擦角 （°）
素填土	2.4	1650	5.0	0.35	5	10
粉土	2.0	1960	10.1	0.31	18	25
粉细砂	2.4	2020	20.0	0.29	0	32
粉质黏土	2.7	1950	6.0	0.31	22	14
粉细砂	2.6	2020	20.0	0.29	0	32
中粗砂	1.5	2050	25.0	0.29	0	38
粉质黏土	1.6	1950	11.2	0.31	32	18
粉土	2.4	1960	17.7	0.31	18	24
粉质黏土	2.4	1950	11.2	0.31	32	18
中粗砂	2.1	2050	40.0	0.29	0	40
粉质黏土	3.8	1950	11.2	0.31	32	18
中粗砂	0.8	2050	40.0	0.29	0	40
粉土	1.4	1960	17.7	0.31	18	24
粉质黏土	2.0	1980	13.8	0.31	35	20
粉细砂	2.4	2020	35.0	0.29	0	35
中粗砂	1.0	2050	40.0	0.29	0	40
中粗砂	1.4	2100	45.0	0.28	0	45

车站结构拱顶埋深约 15.0m，结构主体总宽度 22.0m，总高度 10.4m，图 4-2 为结构剖面图。车站主体穿越的地层为粉质黏土层、粉土层和砂层的混合层；隧道顶部围岩稳定性较差，易坍落，无法形成自然压力拱；灌注桩基坑外桩长 13m，围护灌注桩穿越的土层主要为粉质黏土层、中粗砂层和粉砂层，桩底持力层主要为中粗砂。

车站主体扩挖结构位于地下水位以下，施工期间采用降水措施，以保证暗挖施工时无水作业。扩挖结构底板临近承压水层，距离约 1m，勘测期间水头高约 3~4m。暗挖施工时，提前对承压水进行减压降水，使水位降至结构底板以下 1m，降水过程中采用可靠措施避免涌砂。

4.3　大直径盾构扩挖方法

4.3.1　盾构过站面临的问题

从国外扩挖盾构隧道修建地铁车站的方式来看，在大直径盾构隧道的基础上，结合明

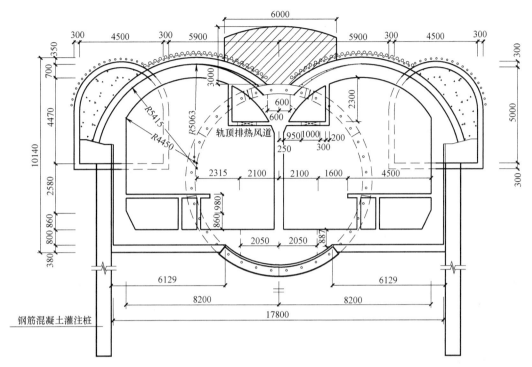

图 4-2　结构剖面图

挖法或暗挖法、半盾构法、托梁法修建；或在两条小直径盾构隧道的基础上，结合暗挖法法或托梁法修建。这两种方法对于我国目前的施工技术水平具有一定的参考价值。

我国目前已采用的盾构过站方法和面临的问题如下：

（1）先用明挖法或暗挖法修建车站，并作为盾构的始发井和接收井。盾构机从起点车站的始发井向目标车站的接收井推进，到达目标车站后，在车站端头井调头或吊出。由于普通区间隧道长度平均为 1km 左右（远小于盾构的经济掘进长度 5～8km），所以这种工法需要多次对盾构机进行转场或拆装，降低了施工进度，还会缩短盾构机的使用寿命；由于连续施工区间分散，非推进作业时间长，不利于发挥盾构长距离机械化施工的优势；增加了全线盾构机的投入台数，使盾构机的使用率降低，寿命与工作量不匹配，同时增加了全线的工程成本。盾构法施工区间的工程造价不仅包括盾构机正常推进的费用，还包括始发井、接收井、调头井的施工及盾构机解体、吊出、转场等的额外费用，致使每千米增加近 10% 的费用，制约了盾构技术在地铁工程中的应用。

（2）盾构推进至车站位置前，先适当扩大车站宽度和底板深度，然后让盾构拖拉过站，以加快施工进度。采用这种工法理论上可以最大限度地避免车站施工对盾构区间施工的干扰，减小地下管线和周围建筑物对盾构区间施工的影响，充分发挥盾构机施工速度快和长距离掘进的优势，减少盾构机的投入数量，上海、广州、北京等地曾采用这种工法。这种工法减少了工作井的数量和盾构机调头或转场的次数，但需要扩大车站断面（加宽、加深），会对车站施工产生较大干扰，增加了车站的工程量和造价，因此不是很好的解决方案；对于盾构拖拉过站，涉及加深、加宽车站所带来的额外费用，每千米需增加约 6%～8%。

（3）盾构先行贯通车站行车隧道，然后拆除全部盾构管片，再进行车站施工。这种方案可以减少盾构机拆卸组装以及转场的次数，延长盾构机的机械寿命，缩短施工工期，但拆除的管片基本上不能再次用于区间正线上，其再利用率最高也就10％。按北新桥站的经验，约有90％的盾构管片报废，造成很大浪费。

（4）借鉴国外的塔柱式或立柱式盾构车站的施工方法，同时结合我国技术成熟的外径6.0m的盾构隧道施工，近几年许多专家学者提出了新型盾构过站方法（或方案）——扩挖盾构隧道法。这种工法可以协调盾构区间施工和车站施工在速度上和组织上的矛盾，减少盾构机的始发、调头、转场等非推进作业，最大限度地开展平行作业，从而缩短工期、优化全线的施工组织计划。塔柱式车站的不足之处是车站被塔柱分成3个独立站厅，建筑艺术效果不佳；在线间距较小的情况下，由于塔柱式车站中站台塔柱之间的净距较小，运营期间可能会造成上下车人流冲突；如果塔柱宽度太小可能会造成塑性破坏。立柱式车站必须有足够的内支撑体系以减小盾构隧道侧移；如果站厅中间隧道外径小，可利用空间小，对车站建筑平面布置、结构防水、通风等都有一定影响；关键还要考虑中间隧道与两侧盾构隧道的最小净距问题；在内径只有5.4m的盾构隧道内布置足够大的通风道也有一定难度，需结合横向通风来满足要求。

通过研究发现，扩挖两条外径6.0m的盾构隧道修建车站是可行的，但盾构直径较小，车站限界较紧张，单线双车道车站需要较宽的道路，且预制管片与模筑混凝土通过节点连接形成整体，作为永久受力结构，连接节点要可靠。该工法对施工质量要求较高，且工期较长。

由于区间隧道施工和车站施工的矛盾成为制约盾构法推广应用的瓶颈，盾构法施工速度快的优势得不到充分发挥，反而出现工期不可控的局面。目前已建和在建线路中采用的几种盾构过站方式都有一定的利弊，从长远来看发展城市轨道交通还需要进一步探索研究。

4.3.2　大直径盾构扩挖方法的创新思路

2010年5月开工建设的北京地铁14号线东风北桥站至高家园站工程全长3.6km。部分现状道路较窄、交通流量大，没有足够的空间实现单洞单线的区间线路布置；区间隧道多次下穿河流、居民楼；且地下管线密集、改移困难，特别是横跨酒仙桥路的高压煤气管难以改移。如采用常规矿山法施工风险极大，并且交通导改和管线改移工程量大、造价高，施工协调的难度和不确定性都很高。如采用传统的明挖法修建地铁车站，在目标工期内会有大量的土方作业，并且建筑材料、施工机具、设备都需要宽阔的场地，而地铁车站一般位于建筑密集、交通繁忙的城市中心区，施工场地狭窄，不利于优化施工组织。

在比较国内外此类工程成功经验的基础上，结合14号线地铁车站的实际情况，针对扩挖大、中、小型盾构隧道修建地铁车站的方案进行比选：

方案1，扩挖大盾构隧道修建侧式车站（盾构限界8.8m）；

方案2，扩挖中盾构隧道修建分离岛式车站（盾构限界7.6m）；

方案3，扩挖小盾构隧道修建分离岛式车站（盾构限界5.2m）。

经比选，双线中型盾构工程量大、造价偏高，不宜采用，如表4-4所示。

区间断面比较 表4-4

项 目	单线盾构 （内径9.0m）	双线盾构 （内径7.8m）	双线盾构 （内径5.4m）
开挖土方量（m³/m）	78.54	2×58.10=116.20	2×28.26=56.52
混凝土量（m³/m）	14.92	2×10.31=20.62	2×5.37=10.74
盾构断面利用率	70%～80%	50%～55%	100%
造价（万元）	11.5	18.0	7.2

结合扩挖外径为6.0m的盾构隧道修建地铁车站的研究成果，对扩挖大、小盾构隧道修建地铁车站进行了经济技术综合比较，如表4-5所示。

扩挖大盾构与双线小盾构隧道修建地铁车站综合比较 表4-5

项 目	大盾构扩挖	小盾构扩挖
隧道外径	10.0m	6.0m
扩挖形式	采用CRD法或PBA法由单线盾构向两侧扩挖	在双线盾构之间采用CRD法或PBA法暗挖施工主体结构
站位选择	车站布置灵活，出入口、风亭结合周围环境布置	1. CRD法端头厅为明挖法施工，车站中部单层部分为暗挖施工 2. PBA法车站布置灵活
布置形式	站台设于路中，集散厅和设备用房外挂	站台、站厅、设备用房按常规车站布置
车站站台形式	扩挖部分为单层车站、侧式站台，站台与站厅由跨线通道连接	双层车站、岛式站台
站台空间	单柱双跨布置，拱顶较高，结构柱对站台效果影响小	管片开洞受到结构受力限制，塔柱断面较大，对站台空间效果有影响
车站工法	主体利用区间盾构隧道在其外侧暗挖单层车站，外挂厅采用明（盖）挖法	1. CRD法端头厅为明挖，中间单层为暗挖 2. PBA法均采用暗挖法
关键部位	在管片拆除时，二次衬砌未形成之前为关键受力工况，二次衬砌形成整体后，结构安全可靠	1. 拆除单侧管片时，采用桩-柱-预应力支撑体系 2. 盾构预制管片与现浇二次衬砌连接节点受力复杂
施工阶段管片受力稳定性	先施工顶梁、底梁、中墙（或中柱），然后对称拆除临时支撑，采取顶梁设置抗剪键和侧向临时支撑的方式避免结构偏载	拆除单侧管片时，采用桩-柱-预应力支撑体系，控制管片变形，调整管片内力
通风方案	可设置轨顶、轨底排热风道	受隧道限界控制，不设置轨顶、轨底排热风道
防水效果	二次衬砌结构为一个整体，可设置全包防水	盾构与现浇二次衬砌连接形成结构，不设置全包防水层
施工风险	扩挖部分初次衬砌对称施工，二次衬砌整体性好；跨线通道结构与扩挖车站结构分离，可独立施工；风道采用传统暗挖车站施工方法	CRD法和PBA法均为常规暗挖车站施工方法，车站主体与盾构隧道连接通道每侧12个，共24个，采用CD法跳步施工通道初次衬砌和二次衬砌

项　　目	大盾构扩挖	小盾构扩挖
施工步序	1. 施工车站风道兼作扩挖施工横通道 2. 盾构过站，在隧道内施工中墙（或中柱）和顶、底纵梁 3. 采用 CRD 法或 PBA 法对称开挖扩挖断面，形成初次衬砌，设置对称横向支撑 4. 分段，对称拆除支撑和管片，施作二次衬砌，形成车站站台层主体	CRD 法： 1. 盾构过站 2. 在暗挖结构与盾构隧道之间注浆加固地层，在盾构外侧施工隔离桩以减少侧向土压 3. 在隧道内施工临时钢立柱、纵梁，施工顶、底纵向预应力钢索 4. 采用 CRD 法施工单层车站 5. 在暗挖断面内跳槽施工横通道初次衬砌 6. 拆除管片，与通道节点连接，施作通道二次衬砌 PBA 法： 1. 盾构过站 2. 施工小导洞，施工围护灌注桩 3. 施工顶拱初次衬砌、二次衬砌及扣拱 4. 逆作施工车站主体结构 5. 在隧道内施工临时钢立柱、纵梁，施工顶底纵向预应力钢索 6. 在暗挖断面内跳槽施工横通道初次衬砌 7. 拆除管片，与通道节点连接，施作通道二次衬砌

通过研究发现，采用双线 6.0m 盾构结合矿山法修建车站是可行的，但盾构直径较小，车站限界较紧张，该工法对施工质量要求较高，且工期较长；单线大盾构在工程量、造价、安全性、实施难度等方面相对其他形式具有综合优势。因此，本次设计采用限界 8.8m、内径 9.0m 的单线盾构隧道，在盾构隧道施工完成的基础上进行车站主体结构扩挖施工，形成两座小型地铁车站——将台站和高家园站。

4.3.3　大直径盾构扩挖方法的方案比选

项目组提出 CRD 法和 PBA 法两种扩挖形式，每种扩挖形式又有两个方案，其施工步序如图 4-3～图 4-6 所示。

CRD 法与 PBA 法扩挖方案主要指标对比如表 4-6 所示。

由于城市中心区的地铁线路区间多数为 1km 左右，盾构过站多，采用 PBA 法扩挖大直径盾构隧道修建地铁车站可以实现盾构连续推进数个区间和车站的目的，还可以有效地控制施工引起的地表沉降，适应目前国内施工技术水平和城市地铁建设的客观需要。

PBA 法扩挖大直径盾构隧道修建地铁车站的施工方法具有以下特点：

（1）安全性高。施工完盾构隧道内受力体系后再进行两侧扩挖，有利于结构受力转换，使原来的管片环向受力转换为结构整体受力，确保了结构具备受力明确、转换合理、便于施工等特点。

（2）灵活性好。盾构连续贯通区间和车站行车隧道后，再进行车站主体结构扩挖施工，增加了站位选择的灵活性，实现了区间施工和车站施工的有机结合，解决了困难地段车站选址的问题。

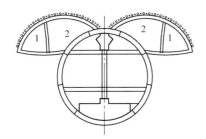

第1步：盾构过站到达接收井后，
施工盾构隧道内中柱和纵梁，自
横通道分步对称开挖1、2部分
土体，施作初次衬砌及临时仰拱

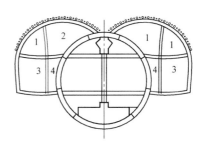

第2步：对称开挖3、4部分土
体，施作初次衬砌及临时仰拱

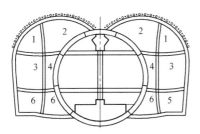

第3步：对称开挖5、6部分土
体，施作初次衬砌及临时仰拱

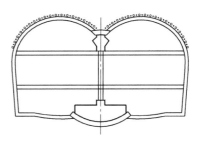

第4步：沿车站纵向分段（5.4m）
拆除支撑及管片，管片自上而下
拆除，随拆除随设置临时横向支撑

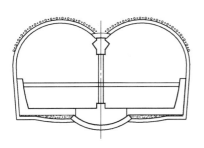

第5步：施作二次衬砌混凝土
底板及部分侧墙

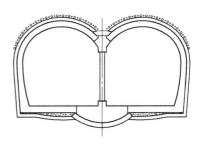

第6步：施工剩余二次衬砌混凝土结构，
拆除支撑，施工站台板等内部结构

图 4-3　CRD 法扩挖方案 1

（3）工序干扰少。在盾构隧道贯通的基础上进行车站主体结构扩挖，能够统筹车站施工与区间施工的组织设计，减少车站施工与区间施工的相互干扰，不仅能充分发挥盾构法所具有的特点，还能发挥 PBA 法易于控制沉降的优势。

（4）空间利用率高。车站主体结构为双跨侧式站台，拱顶较高，结构对站台内部空间整体效果影响小；站台板下空间大，满足管线敷设要求。

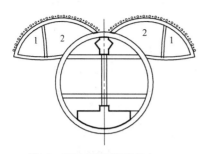

第1步：盾构过站到达接收井后，
施工盾构隧道内中柱和纵梁，自
横通道分步对称开挖1、2部分
土体，施作初次衬砌及临时仰拱

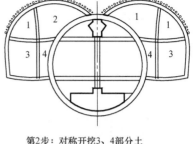

第2步：对称开挖3、4部分土
体，施作初次衬砌及临时仰拱

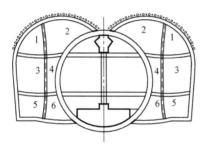

第3步：对称开挖5、6部分土
体，施作初次初砌及临时仰拱

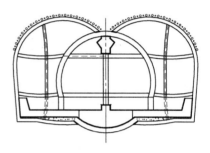

第4步：沿车站纵向分段（5.4m）拆
除下部管片，施作二次衬砌混凝土底板

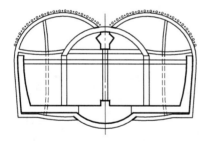

第5步：拆除第二道横撑及中部管片，
施作二次衬砌侧墙，设置临时横向支撑

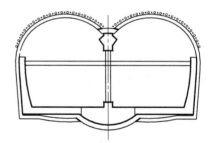

第6步：拆除第一道
横撑及上部管片

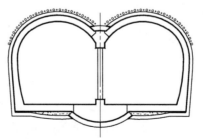

第7步：施作二次衬砌拱顶，拆除临时
横撑，施作站台板等内部结构

图 4-4　CRD 法扩挖方案 2

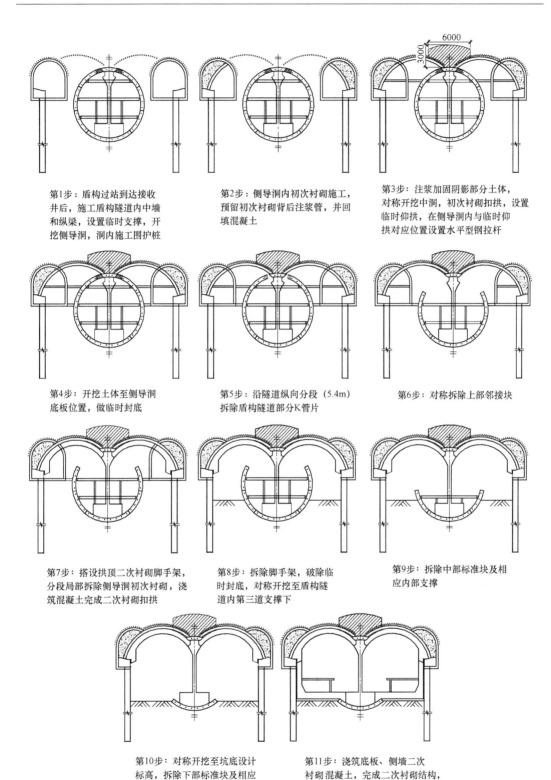

第1步：盾构过站到达接收
井后，施工盾构隧道内中墙
和纵梁，设置临时支撑，开
挖侧导洞，洞内施工围护桩

第2步：侧导洞内初次衬砌施工，
预留初次衬砌背后注浆管，并回
填混凝土

第3步：注浆加固阴影部分土体，
对称开挖中洞，初次衬砌扣拱，设置
临时仰拱，在侧导洞内与临时仰
拱对应位置设置水平型钢拉杆

第4步：开挖土体至侧导洞
底板位置，做临时封底

第5步：沿隧道纵向分段（5.4m）
拆除盾构隧道部分K管片

第6步：对称拆除上部邻接块

第7步：搭设拱顶二次衬砌脚手架，
分段局部拆除侧导洞初次衬砌，浇
筑混凝土完成二次衬砌扣拱

第8步：拆除脚手架，破除临
时封底，对称开挖至盾构隧
道内第三道支撑下

第9步：拆除中部标准块及相
应内部支撑

第10步：对称开挖至坑底设计
标高，拆除下部标准块及相应
内部支撑，及时施工垫层

第11步：浇筑底板、侧墙二次
衬砌混凝土，完成二次衬砌结构，
施工站台板等内部结构

图 4-5　PBA 法扩挖方案 1

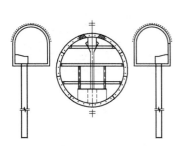

第1步：盾构过站到达接收井后，施工盾构隧道内中柱和纵梁，设置临时支撑，开挖侧导洞，洞内施工围护桩

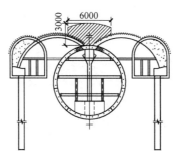

第2步：注浆加固阴影部分土体，打设管棚，对称开挖中导洞，初次衬砌扣拱，设置临时仰拱

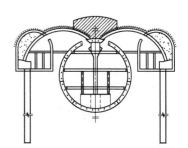

第3步：沿隧道纵向分段（5.4m）拆除部分K管片，侧导洞初次衬砌局部凿除

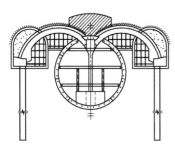

第4步：搭设脚手架，二次衬砌扣拱

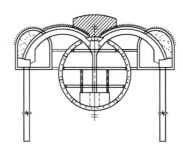

第5步：拆除脚手架，开挖土体至侧导洞底板位置，做临时封底

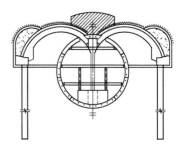

第6步：拆除内部隔壁

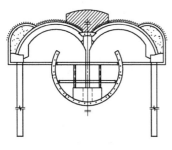

第7步：对称拆除上部邻接块

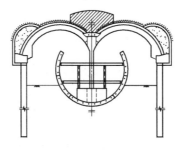

第8步：对称开挖至第二道支撑下

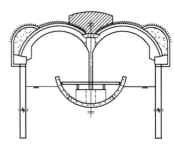

第9步：拆除中部管片及相应支撑

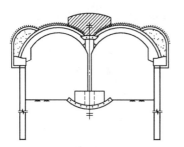

第10步：对称开挖至坑底设计标高，拆除下部管片及相应支撑

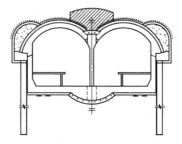

第11步：浇筑底板、侧墙二次衬砌混凝土，待二次衬砌混凝土结构达到强度后拆除拉杆，施工站台板等内部结构

图 4-6　PBA 法扩挖方案 2

CRD 法与 PBA 法扩挖方案对比　　　　　　　　　　　　　表 4-6

主要指标	CRD 法	PBA 法
地面沉降	断面分块较多,施工过程对地层扰动次数多,每一个导洞的开挖都会引起上部结构的附加沉降,造成地表沉降过大	侧导洞开挖对地层扰动小,顶拱承受竖向荷载,在其支护下进行下部施工,可有效控制地表沉降;围护桩承受土侧压力,施工效应以围护桩的侧向变形为主
水平收敛	扩挖部分初期支护刚度较小,抵抗地层荷载能力小,在二次衬砌形成前洞室侧壁土体已释放部分应力,结构水平收敛大	边桩在分层开挖前已形成,侧向刚度大,结构水平收敛小
空间利用率	曲墙式衬砌结构形式,仰拱结构工程量大,有效空间利用率稍低	直墙式衬砌结构形式,有效空间利用率高
支撑拆除量	支撑多,拆除量大,支护受力转换次数多,对结构受力影响大	只需拆除小导洞内部分初期支护,支撑拆除量小,对结构受力影响小
管片拆除方式	扩挖施工完成后,沿车站纵向分段拆除管片,每次拆除范围不大于 3 环管片宽度	分层开挖过程中,沿车站纵向分段拆除管片,每次拆除范围不大于 3 环管片宽度,管片自上而下拆除
受力体系	梁、柱支撑与扩挖部分衬砌支护共同组成结构受力体系	梁、墙(或柱)、桩、拱共同组成结构受力体系
施工难度	施工空间分块多,不利于大型机械化施工	导洞内施工灌注桩,空间狭小,不利于机械化作业;梁、墙(或柱)、桩、拱承载体系形成后,有较大施工空间,便于机械化施工
工程造价	稍低	灌注桩的施工提高了工程造价
工期	扩挖部分施工及管片拆除计划工期 4 个月	扩挖部分施工及管片拆除计划工期 3 个月

该工法将盾构法与矿山法有机结合起来,充分发挥了盾构法与矿山法两种工法的特点。不仅可以优化车站和区间的设计,实现车站暗挖和区间盾构的有机结合;而且可以实现狭窄道路条件下的线路布置,以及城市密集建(构)筑物环境下的快速高效施工。

该工法对于提高地铁建设质量、加快地铁建设速度、提高盾构设备利用率、降低工程施工风险和对地面交通的影响、增加车站站位选择的灵活性、增强社会效益及环境效益都有重要的现实意义;同时研究成果可以形成一整套创新、适用的地铁综合建造技术,为城市复杂建设环境条件下地铁建设提供新的思路和技术经验。

通过上述技术和经济指标的对比,最终确定采用 PBA 法扩挖方案。

4.3.4　PBA 法扩挖大直径盾构隧道修建地铁车站方案比选

以下对 PBA 法扩挖大直径盾构隧道修建地铁车站两种方案的设计和扩挖施工阶段结构的受力进行详细的讨论分析,选出最优施工方案。

1. 扩挖过程数值分析

(1) 计算模型

考虑模型边界效应的影响，横向上取车站外侧各 3 倍的结构宽度；垂直方向上车站结构下方土体厚度为结构主体高度的 3 倍；纵向上每次拆除 3 环管片，每环管片宽 1.8m，模型中取 54m，包含 30 环盾构管片。模型的几何尺寸确定为 154m（X 方向）×54m（Y 方向）×58m（Z 方向），如图 4-7 所示。方案 1 盾构隧道内中墙厚 0.5m；方案 2 中柱宽 0.5m，纵向长 2m，柱间净距 2m，其内部形式如图 4-8 所示。

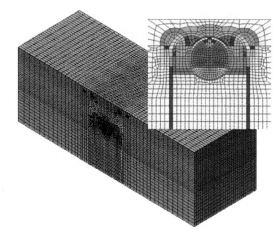

图 4-7　三维模型

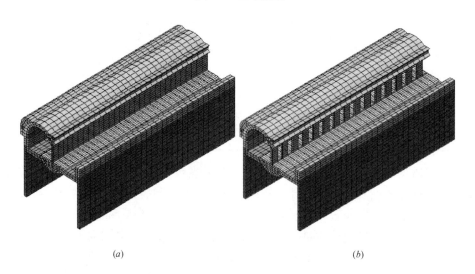

(a)　　　　　　　　　　　　　　　　(b)

图 4-8　结构内部形式
(a) 方案 1；(b) 方案 2

模型计算范围的端面满足连续性边界条件，模型侧面和底面为位移边界，侧面限制水平位移，底面限制垂直位移，上表面为自由边界。考虑地面超载影响，在模型顶部施加 20kN/m² 的面荷载。

采用地层-结构模型模拟施工过程，数值模拟计算基本假定如下：

1）初始应力场为自重应力场；

2）岩土体为各向同性、连续均匀的理想弹塑性介质，采用摩尔-库伦屈服准则；

3）承压水位距结构底板0.5m，考虑施工过程降水因素，数值模拟计算中不考虑地下水的影响。

（2）模型参数选择

盾构管片的混凝土强度等级为C50，采用实体单元模拟。初期支护、中隔板的混凝土强度等级为C25，采用壳单元模拟。模筑钢筋混凝土二次衬砌、顶纵梁、底纵梁、中墙（或中柱）的混凝土强度等级为C40，采用实体单元模拟。临时钢支撑采用梁单元模拟，地层注浆采用提高地层参数的方式模拟，结构物理力学参数见表4-7。

结构物理力学参数　　　　　　　　　　　　表4-7

结构单元	密度（kg/m³）	弹性模量（GPa）	泊松比
管片	2500	34.5	0.25
初期支护	2300	28.0	0.25
二次衬砌	2500	32.5	0.25
中柱	2500	32.5	0.25
临时支撑	7800	210.0	0.20

数值模拟的过程实质是洞室开挖引起地层应力释放的过程，洞室周围地层有朝向洞室移动的趋势，因此不可能出现结构与地层分离的现象。加之围护桩埋深足够大，结构与地层之间发生竖向相互错动的量很小，可以忽略。因此，按照结构与土层之间相互作用共同变形来考虑，即结构（包括围护桩）与地层之间不设接触面单元。

根据桩底持力层的力学性质，桩底支撑条件可分为三种情况：

1）桩底地层力学性质好，桩底支撑条件可简化为固定支座，不产生位移和转角；

2）桩底地层力学性质较好，桩底支撑条件可简化为铰支座，只产生位移不产生转角；

3）桩底地层力学性质达不到固定支座或铰支座的要求，可以产生较小的位移和转角，则桩底支撑简化为自由端。

本工程桩底持力层主要为中粗砂，局部为卵石圆砾，桩底持力层力学性质较差，按自由端考虑，即能产生较小的位移和转角。

2. 数值计算结果分析

以下对扩挖过程进行分析，以盾构隧道为既有状态，在进行扩挖模拟计算时，模型位移清零。由于网格划分数量多，纵向上以管片宽度为划分依据，因此兼顾实际施工情况和模型计算分析的要求，在保证计算合理性的前提下，数值模拟计算中对开挖循环进尺进行适当调整和简化。

（1）结构内力对比分析

扩挖结构初期支护在主拱二次衬砌施作之前要与管片、梁-墙（或梁-柱）体系共同承担地层荷载，其强度能否满足承载力要求是结构稳定的关键。两个方案各施工步骤管片与初期支护的弯矩和轴力如图4-9和图4-10所示，图中（a）为盾构隧道施工完成后结构内力，图中（b）~（l）为扩挖施工过程结构内力，分别与图4-5和图4-6中第1~11步相对应。图中弯矩符号规定如下：结构内侧受拉为正，外侧受拉为负；轴力符号规定如下：结构受拉为正，受压为负。

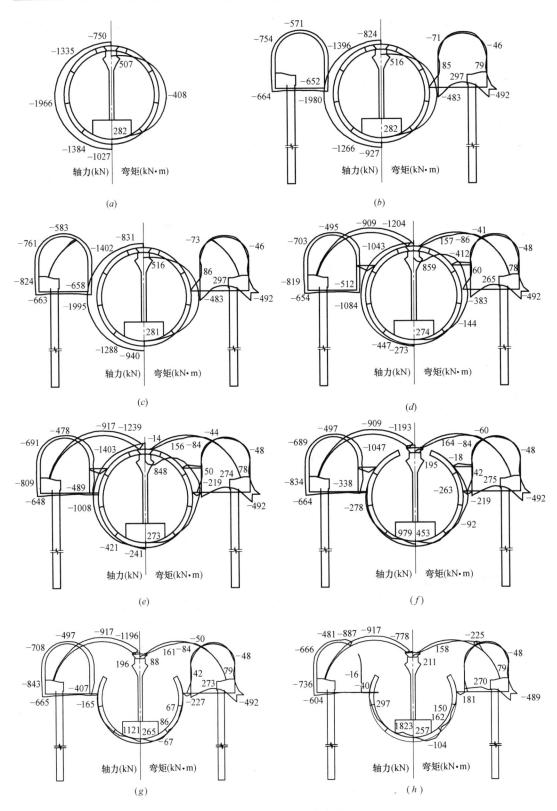

图 4-9　方案 1 结构内力

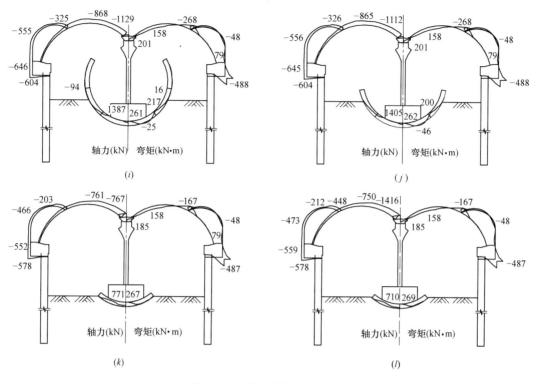

图 4-9　方案 1 结构内力（续）

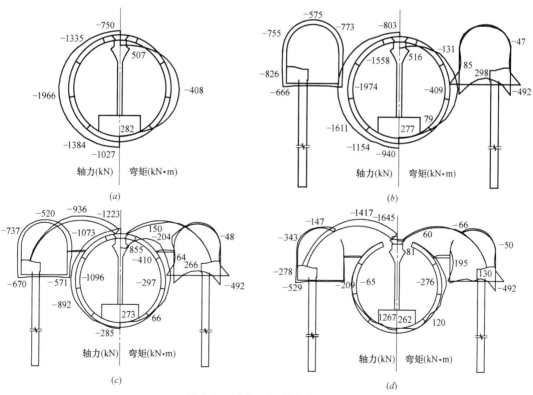

图 4-10　方案 2 结构内力（一）

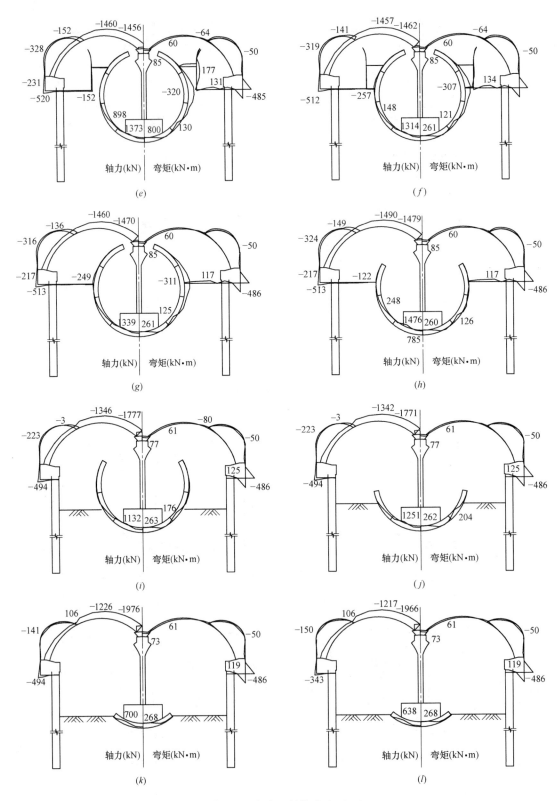

图 4-10　方案 2 结构内力（二）

1）方案 1 结构内力分析

扩挖施工第 1~2 步管环上最大负弯矩出现在管环中部，最大正弯矩出现在管环顶部，侧导洞开挖对管片内力变化影响很小。第 3~4 步管环最大正弯矩增大，最大负弯矩上移，这是由于中导洞主拱开挖后，上部土层荷载由主拱初期支护承担并向两端传递，引起 K 管片上正弯矩增大；土体开挖引起管环卸载，负弯矩出现的位置也随着开挖卸载而改变。第 5 步管片上的内力急剧减小，这是由于 K 管片分块拆除后管环成为开口状，上部土层荷载通过 K 管片传递至梁-墙体系，K 管片只起到内力传递作用，其余待拆除管片仅受到自重作用。第 7 步主拱二次衬砌施作后，管片内力基本保持不变，直至扩挖施工完成。

扩挖施工第 1~6 步，侧导洞最大负弯矩一直出现在拱脚处。第 7 步侧导洞靠近管片一侧拱脚弯矩减小，主拱与侧导洞交接处弯矩增大，这是由于凿除部分侧导洞初期支护后，侧导洞隔壁不再承受外部压力，主拱与侧导洞交接处成为受力节点。第 8~11 步，侧导洞内力基本没有变化。

扩挖施工第 3~6 步，由于主拱初期支护承担上部土层荷载并向两端传递，相当于两端简支，且初期支护刚度较小，最大正弯矩出现在主拱跨中。第 7 步，跨中最大正弯矩不变；主拱与侧导洞交接处成为受力节点，最大负弯矩出现于此。第 8~11 步，主拱初期支护内力基本保守不变。

2）方案 2 结构内力分析

扩挖施工第 1 步管环上最大负弯矩出现在管环中部，最大正弯矩出现在管环顶部，侧导洞开挖对管片内力变化影响很小。第 2 步管环最大正弯矩增大，最大负弯矩上移。第 3 步管片上的内力急剧减小，这是由于 K 管片分块拆除后管环成为开口状，上部土层荷载通过 K 管片传递至梁-柱体系，K 管片只起到内力传递作用，其余待拆除管片仅受到自重作用。第 4 步主拱二次衬砌施作后，管片内力基本保持不变，直至扩挖施工完成。

扩挖施工第 1~2 步，侧导洞最大负弯矩一直出现在拱脚处。第 3 步侧导洞靠近管片一侧拱脚弯矩减小，另一侧拱脚弯矩不变。第 4~11 步，侧导洞内力基本没有变化。

扩挖施工第 2 步，由于主拱初期支护承担上部土层荷载并向两端传递，相当于两端简支，且初期支护刚度较小，最大正弯矩出现在主拱跨中。第 3 步 K 管片分块拆除后，主拱跨中弯矩减小。第 4 步主拱二次衬砌施作后，主拱初期支护内力基本保持不变直至开挖完成。

方案 1 与方案 2 结构内力对比见表 4-8 和表 4-9。方案 1 管片最大弯矩都出现在中导洞主拱土体开挖后的 K 管片上；侧导洞外侧拱脚处一直是侧导洞初期支护最大弯矩出现的位置；方案 1 第 7~11 步主拱初期支护最大弯矩出现在主拱初期支护与侧导洞初期支护连接处。方案 2 管片最大弯矩与侧导洞初期支护最大弯矩的数值与位置与方案 1 相同，但其主拱初期支护最大弯矩始终保持在主拱跨中，数值也基本不变。

方案 1 结构最大内力 表 4-8

名称	最大弯矩(kN·m)	出现位置	施工过程描述
管片	859	管环中部	扩挖施工第 3 步主拱土体开挖后
侧导洞初期支护	492	外侧拱脚	扩挖过程基本不变
主拱初期支护	278	主拱初期支护与侧导洞初期支护交接点	扩挖施工第 7 步主拱二次衬砌施作后逐渐增大

名称	最大弯矩（kN·m）	出现位置	施工过程描述
管片	855	管环中部	扩挖施工第2步主拱土体开挖后
侧导洞初期支护	492	外侧拱脚	扩挖过程基本不变
主拱初期支护	150	主拱跨中	扩挖施工第2步主拱土体开挖后

方案2结构最大内力　　　　表4-9

（2）地表沉降对比分析

取模型纵向中点为监测点，图4-11和图4-12为方案1和方案2监测点的沉降历时曲线，反映了扩挖过程中最大地表沉降随施工步序的变化。图4-13和图4-14为方案1和方案2地表横向沉降曲线，表4-10为主要施工阶段地表沉降值对比。

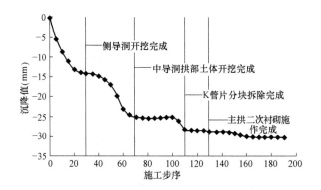

图4-11　方案1地表沉降历时曲线

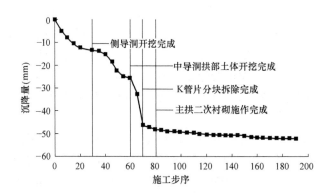

图4-12　方案2地表沉降历时曲线

从图4-11和图4-12中可以看出，方案1侧导洞开挖和中导洞拱部土体开挖两个阶段产生的地表沉降占总沉降的比例最大，其次为K管片分块拆除阶段，其余施工阶段所占比例最小。方案2中K管片分块拆除阶段产生的地表沉降最大，其次为侧导洞开挖阶段和中导洞拱部土体开挖阶段，其余施工阶段所占比例最小。可见方案1中K管片分块拆除阶段产生的沉降得到了有效的控制，达到了控制最终地表沉降的目的。

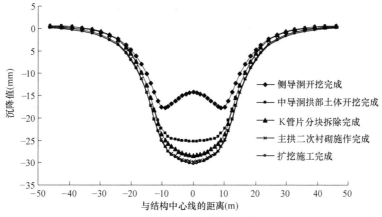

图 4-13　方案 1 地表横向沉降曲线

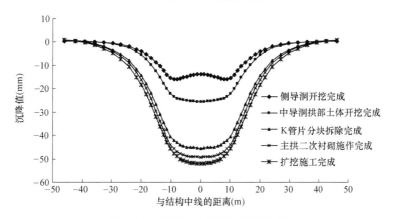

图 4-14　方案 2 地表横向沉降曲线

主要施工阶段地表沉降值　　　　　　　　　　　　　　表 4-10

施工阶段	方案 1		方案 2	
	沉降值（mm）	占最终沉降值的比例	沉降值（mm）	占最终沉降值的比例
侧导洞开挖阶段	14.25	47.0%	14.25	27.4%
中导洞拱部土体开挖阶段	10.38	34.3%	11.25	21.6%
K 管片分块拆除阶段	3.42	11.3%	21.24	40.8%
其余施工阶段	2.25	7.4%	5.33	10.2%

（3）围护桩侧移对比分析

图 4-15 和图 4-16 为方案 1 和方案 2 扩挖施工过程中围护桩侧移值，横坐标负值表示围护桩朝向结构中心位移，正值表示围护桩朝向结构外侧位移；纵坐标以冠梁顶端为原点，负值表示冠梁以下围护桩的长度。表 4-11 为方案 1 和方案 2 主要施工阶段围护桩侧移值增量。方案 1 与方案 2 围护桩最大侧移都发生在冠梁顶端向下 4.2m 左右，围护桩的侧移趋势为逐渐向结构内侧变形，总侧移量分别为 12.01mm 和 19.58mm。方案 1 围护桩的侧移主要发生在第 3～7 步，即中导洞拱部土体开挖阶段至主拱二次衬砌施作阶段，占总侧移量的 71.9%。方案 2 围护桩的侧移主要发生在第 2～3 步，即中导洞拱部土体开挖阶段至 K 管片分块拆除阶段，占总侧移量的 74.4%。

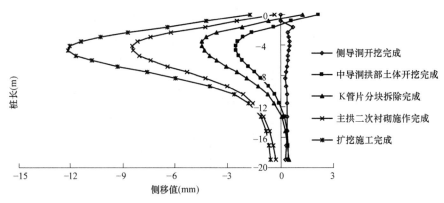

图 4-15　方案 1 围护桩侧移值

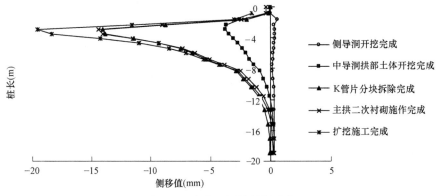

图 4-16　方案 2 围护桩侧移值

主要施工阶段围护桩侧移值增量（mm）　　　表 4-11

施工步序	1	2	3	4	5	6	7	8	9	10	11
方案 1	0.51	0.01	−3.04	−1.38	−0.56	−1.13	−2.52	−0.40	−0.21	−2.87	−0.41
方案 2	0.51	−4.27	−10.30	−0.35	−1.05	−0.14	−0.10	−0.40	−0.21	−2.87	−0.41

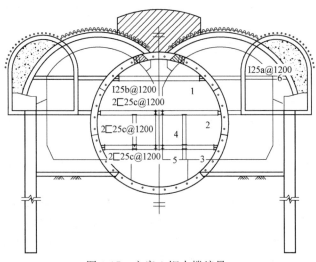

图 4-17　方案 1 钢支撑编号

（4）钢支撑强度对比分析

1）方案 1 钢支撑强度验算

方案 1 钢支撑编号见图 4-17，钢支撑同时受到弯矩、轴力、剪力的作用，其弯矩和剪力较小，主要是轴力起控制作用，因此分别对钢支撑进行轴向受力强度验算。方案 1 各施工步序钢支撑轴力见表 4-12，负值表示受压，正值表示受拉。

方案 1 钢支撑轴力 （kN）　　　　　　　　　　　　　　表 4-12

钢支撑编号	施工步序										
	1	2	3	4	5	6	7	8	9	10	11
1	14	16	332	353	46	—	—	—	—	—	—
2	−22	−18	−155	−149	−486	−430	−394	−57			
3	−48	−43	−285	−316	−601	−602	−796	−533	−551		
4	6	7	8	11	12	19	22	18	—	—	—
5	6	7	9	20	33	44	52	40	25	—	—
6	—	—	475	441	441	567	—	—	—	—	—

分别对钢支撑进行稳定性和强度验算。

钢支撑 1：I25b 工字钢，$A=53.54 \mathrm{cm}^2$，$I=5280 \mathrm{cm}^4$，$i=9.94 \mathrm{cm}$，$l=241 \mathrm{cm}$。构件长细比 $\lambda=\dfrac{l}{i}=\dfrac{241}{9.94}=24.25$。

稳定性满足要求。

热轧工字钢 $b/h<0.8$，主平面内为 a 类截面，整体稳定性系数 $\varphi=0.972$。开挖过程钢支撑 1 最大轴力为 744kN，则：

$$\sigma=\frac{N}{\varphi A}=\frac{7.44 \times 10^5}{0.972 \times 5354}=143 \mathrm{N/mm}^2<215 \mathrm{N/mm}^2$$

轴向受力满足强度要求。

钢支撑 2：2〔25c 槽钢组合截面，$A=89.83 \mathrm{cm}^2$，$I=7380 \mathrm{cm}^4$，$i=9.06 \mathrm{cm}$，$l=399 \mathrm{cm}$。构件长细比 $\lambda=\dfrac{l}{i}=\dfrac{399}{9.06}=44.04$

满足稳定性要求。

热轧槽钢组合截面，主平面内为 b 类截面，整体稳定性系数 $\varphi=0.882$。开挖过程钢支撑 2 最大轴力为 782kN，则：

$$\sigma=\frac{N}{\varphi A}=\frac{7.82 \times 10^5}{0.882 \times 8983}=99 \mathrm{N/mm}^2<215 \mathrm{N/mm}^2$$

轴向受力满足强度要求。

同样对钢支撑 3～6 进行稳定性和强度验算，均满足要求。

2）方案 2 钢支撑强度验算

方案 2 钢支撑编号见图 4-18，各施工步序钢支撑轴力见表 4-13。

分别对钢支撑进行稳定性和强度验算。

钢支撑 1：I25a 工字钢，$A=48.54 \mathrm{cm}^2$，$I=5020 \mathrm{cm}^4$，$i=10.2 \mathrm{cm}$，$l=241 \mathrm{cm}$。构件长细比 $\lambda=\dfrac{l}{i}=\dfrac{241}{10.2}=23.63$

稳定性满足要求。

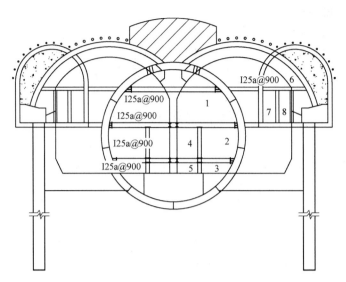

图 4-18　方案 2 钢支撑编号

方案 2 钢支撑轴力（kN）　　　　　　　　　　　　　　　　表 4-13

钢支撑编号	施工步序										
	1	2	3	4	5	6	7	8	9	10	11
1	8	303	252	39	70	69	—	—	—	—	—
2	−9	−153	−396	−412	−412	−350	−31	—	—	—	—
3	−39	−370	−575	−574	−563	−570	−668	−502	−508	—	—
4	−5	8	10	13	16	19	26	20	—	—	—
5	−16	20	40	40	41	42	58	46	40	—	—
6	—	446	321	—	—	—	—	—	—	—	—
7	—	−37	−14	—	—	—	—	—	—	—	—
8	—	−15	−13	—	—	—	—	—	—	—	—

热轧工字钢 $b/h < 0.8$，主平面内为 a 类截面，整体稳定性系数 $\varphi = 0.975$。开挖过程钢支撑 1 最大轴力为 315kN，则：

$$\sigma = \frac{N}{\varphi A} = \frac{3.15 \times 10^5}{0.975 \times 5020} = 64 \text{N/mm}^2 < 215 \text{N/mm}^2$$

轴向受力满足强度要求。

同样对钢支撑 2～8 进行稳定性和强度验算，均满足要求。

（5）梁-墙（或梁-柱）与主拱二次初砌受力分析

图 4-19（a）为扩挖施工过程中方案 1 梁-墙和方案 2 梁-柱的最大主应力；图 4-19（b）为方案 1 和方案 2 主拱二次衬砌在施工过程中的最大主应力，点 1 为主拱二次衬砌与 K 管片交点，点 2 为主拱二次初砌与冠梁交点；图中横坐标 1～11 为扩挖施工步骤，分别与图 4-4 和图 4-5 中第 1～11 步相对应。

1）方案 1 受力分析

从图 4-19 可以看出，扩挖施工过程中梁-墙体系处于稳定状态，随开挖过程的进行应

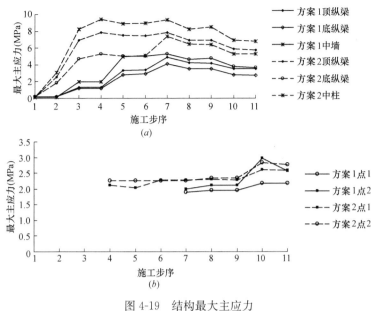

图 4-19　结构最大主应力

（a）梁-墙/梁-柱最大主应力；（b）主拱二次衬砌最大主应力

力逐渐增大。第 3 步主拱开挖后，应力有较大幅度增加，这是由于梁-墙体系开始承受上部地层压力。第 4 步开挖第二层土对结构受力影响不明显。第 5 步纵梁和中墙应力增大，这是由于 K 管片分块拆除后结构从整环管片受力转换为梁-墙与主拱、围护桩共同受力；同时第 1 道钢支撑轴力减小，其余钢支撑轴力明显增大，表明钢支撑起到了抵抗开口环变形的作用。第 6 步拆除上部管片和钢支撑后，结构受力没有明显变化。第 7 步主拱二次衬砌施工后完全承受上部地层荷载，纵梁和中墙受力进一步增加。第 8 步由于拆侧导洞隔壁，对管片的压力变小，纵梁和中墙应力也随之减小。第 9 步同样由于拆撑减小了对墙下部的压力，因而纵梁和中墙的应力都有所减小。第 10 步管片全部拆完后纵梁和中墙应力略有减小，在此过程中主拱二次衬砌应力逐渐增大，最大应力出现在与顶纵梁连接处。第 11 步结构应力几乎没有变化，表明主拱二次衬砌和侧墙、底板二次衬砌形成受力体系，与梁-墙体系共同承担外部荷载压力。

2）方案 2 受力分析

从图 4-19 可以看出，扩挖施工过程中墙-柱体系处于稳定状态，随开挖过程的进行应力逐渐增大。第 1 步侧导洞开挖后，梁-柱应力和钢支撑轴力很小，表明它们还未参与受力。第 2 步主拱开挖后，梁-柱应力和钢支撑轴力开始增加，这是由于纵梁和中柱已参与受力，承受上部地层荷载。第 3 步 K 管片分块拆除后，纵梁和中柱应力出现大幅度增加，由于结构受力出现转换，第 1 道钢支撑轴力略有减小，第 2 道钢支撑轴力增大，因而中柱和纵梁的应力随之增大。第 4 步主拱二次衬砌施作后，梁-柱应力又有小幅度增加，表明主拱二次衬砌已参与受力，通过梁-柱体系传递上部荷载，钢支撑 1 轴力减小，钢支撑 2 轴力略有增大。第 5 步纵梁和中柱应力略有减小。至第 7 步拆除上部管片和钢支撑，纵梁和中柱应力基本不变。第 8～第 9 步，纵梁和中柱应力逐渐减小。第 10 步管片全部拆完后纵梁和中柱应力又有减小的趋势，在此过程中主拱二次衬砌应力逐渐增大，最大应力出现在与冠梁连接处。第 11 步纵梁和中柱应力又出现略微减小的现象，表明主拱二次衬砌和侧墙、底板二次衬砌形成受力体系，分担了一部分梁-柱体系的受力。

3. PBA 法扩挖大直径盾构隧道修建地铁车站方案确定

从以上分析可知，两个方案对结构受力和变形具有相同的特点：

（1）侧导洞最大负弯矩始终出现在外侧拱脚处，扩挖过程中内力变化不大。

（2）侧导洞开挖对管片内力影响很小，中导洞拱部土体开挖后，上部土层荷载由主拱初期支护承担，并向两端传递，引起 K 管片上弯矩增大。K 管片分块拆除后，上部土层荷载通过剩余 K 管片传递至梁-墙/梁-柱体系，K 管片上内力减小，梁-墙/梁-柱体系受力增大，其余待拆除管片在钢支撑的作用下保持稳定。主拱二次衬砌施作后，结构受力得到合理分配，梁-墙/梁-柱体系受力有减小的趋势。

（3）每开挖一层土围护桩都会产生朝向结构内部的侧移，尤其是拱部土体的开挖引起围护桩产生较大侧移。在土体全部开挖完成但未施作底板、侧墙二次衬砌混凝土之前，围护桩内侧临空面较大，又产生一次较明显的侧移。

（4）土体开挖过程中管片外侧卸载，管片逐渐拆除过程中管片主要受到自重影响，相应位置处钢支撑的轴力很大。侧导洞内的拉杆轴力始终很大，说明对控制侧导洞隔壁初期支护收敛起到了作用。

对比两个方案扩挖施工过程中结构受力和变形，以及对地表沉降的影响，得出以下结论：

（1）两个方案中管片和结构初期支护内力因施工过程不同而略有变化，但都满足结构受力要求；

（2）方案 1 和方案 2 最终地表沉降分别为 30.30mm 和 52.07mm，方案 2 超出沉降控制标准；

（3）方案 1 和方案 2 围护桩朝向结构内侧的最大侧移量分别为 12.01mm 和 19.58mm，方案 2 明显大于方案 1；

（4）方案 1 和方案 2 钢支撑轴力相差不大，都满足强度要求；

（5）方案 1 顶纵梁和底纵梁最大主应力分别为 4.92MPa 和 4.11MPa，方案 2 顶纵梁和底纵梁最大主应力分别为 7.86MPa 和 5.28MPa。方案 1 中墙最大主应力为 7.38MPa，方案 2 中柱最大主应力为 9.39MPa，相差较大。方案 1 和方案 2 主拱二次衬砌最大主应力分别为 2.76MPa 和 2.82MPa，相差很小。

综合考虑以上因素，方案 1 优于方案 2，选方案 1 为最佳施工方案。

4.4　大直径盾构 PBA 法扩挖风险及控制措施

4.4.1　风险辨识与风险控制措施概述

在大直径盾构隧道先行贯通的基础上采用 PBA 法扩挖修建地铁车站，是一种新型的地铁车站施工方法，这为解决盾构区间施工与地铁车站施工之间的矛盾提出了一个全新的思路。作为一种新型的扩挖车站施工技术，其风险源、安全性、工程成本与工期以及应用和推广价值是该工法关注的重点，其中风险分析是对该工法进行综合性评估与决策的首要依据。

1. 风险辨识基本原则

正确识别工程项目风险与合理地进行风险管理是发现和规避风险的有效途径，也是工程项目决策的基础。风险辨识是风险评估和风险管理的前提，在风险管理中有举足轻重的作用，是在风险事故发生前，运用系统的方法对客观存在于项目中的各种风险潜在的根源或不确定因素按其成因、表象、特点、预期后果等进行定义和辨别。

风险辨识是风险管理的第一步，只有正确地识别出所面临的风险，才能够主动选择适当有效的风险控制方法。风险辨识的基本原则：

（1）全面性。全面地考察风险源存在的可能性和发生的概率以及损失的程度，这些因素直接反映风险的严重程度和消极影响，最终决定风险对策的选择和风险管理的成效。

（2）综合性。风险辨识的目的在于为风险管理提供前提和决策依据，降低风险损失，获得有效的安全保障。因此，需要根据工程实际情况，综合考察各风险因素之间的联系，权衡利弊，在既有目标不变的前提下，采取合理措施，改变方案实施路径，有效地进行风险控制，达到降低风险发生概率、减少损失程度的目的。

（3）系统化。风险辨识的准确与否在很大程度上决定了工程风险管理的效果，为了保证风险事故的准确性，需要进行系统地调查分析，总结风险发生的规律，揭示其性质、特点和类型。只有对风险源进行整体的系统化分析，才能准确有效地预测风险可能产生的后果。

由此可见，只有全面、综合、系统地了解工程项目潜在的各种风险根源，进行系统的分析和预测，才能及时且清楚地为决策者提供完备、准确的信息，在此基础上选择与优化各种风险管理措施，对风险进行有效控制，减少风险损失并进行妥善处理。

2. 风险控制技术

城市地下工程是一项极其复杂的系统工程，存在较大的不确定性和风险，在风险辨识的基础上，有针对性地提出风险控制技术措施和对策，尽可能达到规避风险的目的或使风险造成的损失降到最低。

基于本工程以技术为主导的五阶段风险控制体系，具体的施工风险控制措施如下：

（1）施工前的风险控制，包括勘察阶段与设计阶段，前期充分的风险控制工作可以从源头上减少风险发生的几率，达到主动规避风险的目的。

（2）对于设计阶段无法规避的风险，如施工过程中结构受力转换以及对环境的影响，可以结合扩挖施工工序转换过程进行实时监测，在关键工序施工时加大监测频率。

（3）制定结构、管线及地层变形控制标准，根据工况对变形控制值和变形速率控制值进行分解，按照分级管理方法，分级分步进行控制。

（4）进行动态化设计、信息化施工，根据现场反馈的各类信息，及时修正设计方案，达到设计与施工有机结合的目的，做到措施适当、决策准确。

（5）施工风险控制中地表沉降变形值、管线沉降值等至关重要，尤其关键工序施工时要加大监测频率，当出现异常变化时，立即对风险状态进行判断，采取有效措施。

为实现工程项目的科学管理，达到风险控制的目的，需要重点解决以下几个问题：

（1）建立系统的控制理论，实现施工过程风险控制的科学化、理论化、系统化。

（2）对工程中存在的风险进行归类，制定相应的控制标准，实现分类、分级管理，做到设计与施工的精细化与合理化。

（3）在相关工程经验较少的情况下，对于关键工序和关键节点存在的特殊风险，建立施工监测反馈于设计的风险管理控制模式，进行动态的追踪与调整。

3. 扩挖车站施工过程风险控制基本思路

对于扩挖车站施工，建立基于关键工序、结构关键节点和减少对环境影响的风险控制技术体系，是提高工程安全质量的基础，也是控制体系的核心。为此以工前评估为基础，从地层-结构模型的作用关系入手，分析开挖过程引起的结构内力变化和对环境的影响，并以此作为风险控制的理论基础，构建风险管理模式，建立完整的风险控制体系，风险分析与控制研究思路如图 4-20 所示。

该风险控制体系的特点是：

（1）理论基础坚实；

（2）以技术为主导的控制体系；

（3）以实际工程为依托，研究成果具有较强的实践性、普遍适应性以及工程应用价值；

（4）提出风险分级、分步管理的模式，以适应复杂工序和关键技术的需要；

（5）加强工前调查和工后评估，监测与反馈相结合。

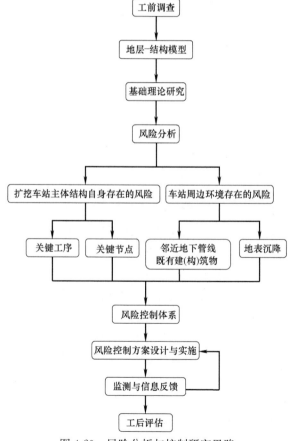

图 4-20　风险分析与控制研究思路

4.4.2　风险辨识

结合本章的研究目的，将风险源定位在 PBA 法扩挖施工过程存在的特殊风险，综合运用风险识别方法，提出扩挖施工风险和应对策略。根据工程项目的特殊性，将风险类型分为两类，其一为扩挖车站在施工过程中结构自身的风险，其二为扩挖施工对周边环境影响的风险。

1. 车站主体结构风险辨识

扩挖盾构隧道修建地铁车站可以优化车站与区间的设计，减少车站与区间施工的相互干扰，目前国内已取得了一定的成果。将台站采用 PBA 法暗挖拓展盾构隧道形成地铁车站，该工法不仅可以发挥盾构法所具有的安全高效的技术优点，还可以发挥 PBA 法所具有的控制地表沉降的特点，但也存在如下风险：①对于盾构隧道而言，管片接头造成了衬砌环整体刚度降低，动态的施工过程对衬砌环的受力和变形影响很大，管片接头处可能发生过大错动和张角，以致引起管环失稳。②K 管片采用分块构造形式，主拱初期支护与 K 管片连接，在 K 管片两侧小块以及邻接块周围土体卸载的过程中，可能会造成分块间荷载差异大而出现错动现象，造成连接螺栓变形而难以拆卸。③盾构隧道施工完成后，采用 C40 钢筋混凝土浇筑纵梁和中墙，纵梁与管片的连接处是结构的薄弱部位，在偏载作用下可能会发生相对位移，影响结构的稳定性和安全性。④初支期护与管片上的预埋钢板通过焊接方式连接，施工主拱二次衬砌之前的阶段，上部地层荷载由主拱初期支护承担，由于初期支护刚度小，可能产生较大变形，引起焊缝连接处超出应力强度。

通过结构风险分析，可以把风险源按照结构关键节点类型分为四类：管片接头处、K 管片分块连接处、纵梁与管片连接处以及初期支护和钢支撑与管片连接处。

（1）盾构管片分块方式

盾构隧道外径 10.0m，管片厚 0.5m，环宽 1.8m。为便于拆卸管片，扩挖段采用通缝拼装形式。一环内 9 块管片等分，对称布置，封顶块居中。管片通过斜直螺栓连接成环，每条纵缝由 2 根 M36 螺栓连接，环缝由 18 根 M36 螺栓连接。为了保证管片接头受力均匀，在管片相互接触的端面设置传力衬垫，为了提高管环防水性能，在管片端面外侧设置弹性密封垫，图 4-21 所示为管片接头构造形式，螺栓设置在管片厚度方向的中间部位。

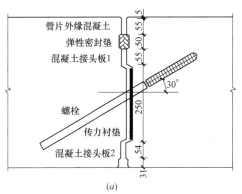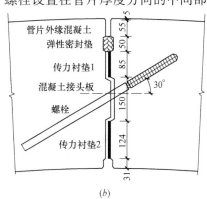

图 4-21　管片接头构造形式

（a）环缝；（b）纵缝

（2）K 管片分块构造形式

为便于浇筑扩挖部分主拱二次衬砌，K 管片采用分块连接构造形式，分块接触面预

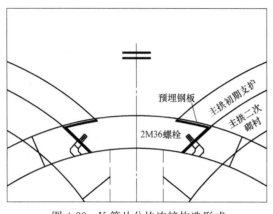

图 4-22　K 管片分块连接构造形式

埋钢板，为便于拆卸，用螺栓正交连接，如图 4-22 所示。

（3）纵梁与管片连接形式

纵梁采用 C40 钢筋混凝土浇筑，与顶管片和底管片直接接触。由于施工阶段纵梁和中墙可能受到偏载作用，在顶管片与主拱二次衬砌之间设置抗剪键，采用在注浆孔或拼装定位孔位置设置螺栓的方式。综合考虑永久结构、施工阶段受力情况和拆除管片等因素，顶纵梁施工采用花篮梁形式，可以保证顶纵梁与主拱二次衬砌的整体性和施工缝抗剪

问题，同时还可以预留拆除 K 管片两侧小块的施工空间，如图 4-23 所示。为避免底板施工缝处凿除多余管片，底板施工缝与衬砌分块结合，保留两块完整管片，如图 4-24 所示。

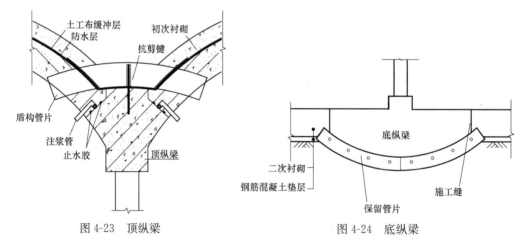

图 4-23　顶纵梁　　　　　　　　　　图 4-24　底纵梁

（4）初期支护和钢支撑与管片连接方式

初期支护采用钢格栅＋C25 网喷混凝土（$\Phi 8@150 \times 150$ 钢筋网），格栅间距 0.5m，其上焊接预制传力盒，现场施作初期支护后，通过传力盒与管片预埋钢板焊接在一起，如图 4-25 所示。

2. 周边环境风险辨识

根据工程勘察报告对将台站施工风险进行归类，施工过程对环境的风险主要是对既有建（构）筑物和邻近地下管线的影响，道路以及对地表的影响。

车站站台层位于现状酒仙桥路下，现状酒仙桥路宽 35m，沿酒仙桥路及将台路交通非常繁忙。车站西侧沿街为芳园里 5 层或 6 层住宅、将台酒店（地上 5 层）、国宾大厦新楼（地上 16 层，地下 2 层）、国宾大厦旧楼（4 层）；车站东侧为已建设的将台商务中心、酒仙桥电话局（地上 4 层）和低矮建筑。

　　盾构扩挖站台部分位于酒仙桥路中，沿酒仙桥路方向地下管线较多。首先确定地铁车站施工的影响范围，根据管线与车站主体结构的空间位置关系，确定管线邻近等级。其次根据管线邻近等级，进行管线现状调查，包括管线的材质、埋深以及与车站主体结构的空间位置关系等。最后根据调查结果，考虑车站施工方法、结构埋深及跨度等因素，确定施工对邻近管线的风险等级。其周边一级风险源分布如图 4-26 所示，风险源位置、范围、基本状况描述如表 4-14 所示。

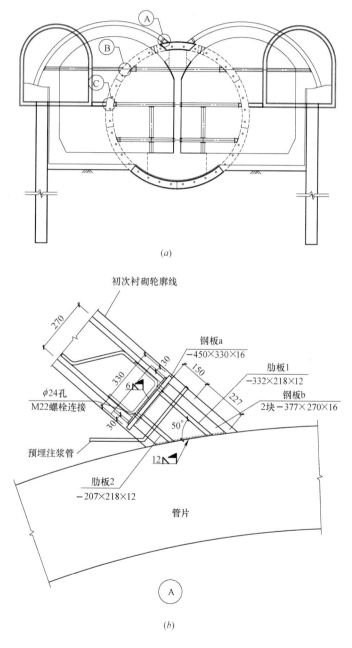

图 4-25　初期支护和钢支撑与管片连接方式示意图（一）

（a）节点位置；（b）A 节点详图

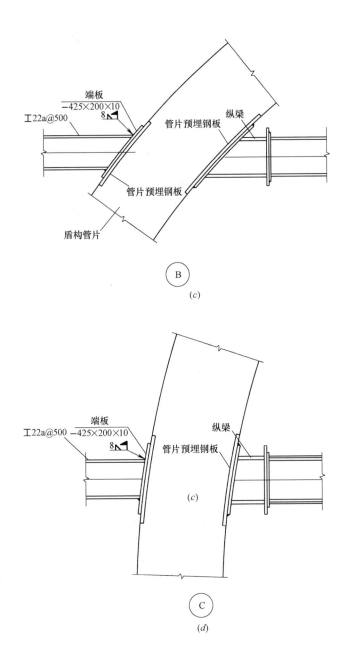

图 4-25　初期支护和钢支撑与管片连接方式示意图（二）

（c）B 节点详图；（d）C 节点详图

4.4.3　风险控制措施

1. 风险控制的难点

（1）大直径盾构隧道扩挖修建地铁车站，可供借鉴经验少，施工过程工序多，结构受力转换频繁，车站结构关键节点构造及防水设计复杂，未知因素多。

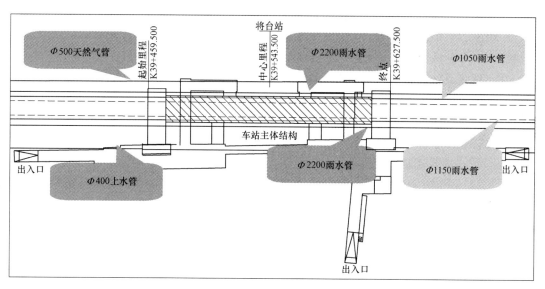

图 4-26　一级风险源示意图

环境风险基本情况汇总　　　　　　　　　　　　　　　　　　　　表 4-14

管线	风险基本状况描述	风险等级
车站主体结构下穿 Φ1050、Φ1150 污水管	污水管位于车站上部,材质为混凝土,撞口连接,埋深约为 5.5～6.0m,与车站主体结构顶板最小距离约为 8.5～9.0m(强烈影响区)	一级
车站主体结构下穿东西两侧 Φ2200 雨水管	雨水管位于车站东西两侧,材质为混凝土,撞口连接,埋深最大为 4.5m,与车站主体结构顶板最小竖向距离为 11.5m(强烈影响区)	一级
车站主体结构下穿 2 根通信方涵	1060mm×740mm 通信方涵位于车站西侧,730mm×1030mm 通信方涵位于车站东侧,与车站主体结构顶板最小竖向距离为 10.9m	三级
车站主体结构侧穿 1 根 Φ400 上水管	上水管位于车站东侧,与车站主体结构顶板最小竖向距离为 11.6m;与边墙最小水平距离为 8.0m	二级
车站主体结构下穿电力管线	电力管线 Φ80、2Φ80、电力井,与车站主体结构顶板最小竖向距离为 14.0m	三级
车站主体结构侧穿 1 根 Φ500 高压天然气管、1 根 Φ500 中压天然气管、1 根 Φ300 天然气管	3 根天然气管线最大埋深为 2.2m,与车站主体结构顶板最小竖向距离约为 12.0m,与边墙最小水平距离为 6.0m	一级
车站斜通道结构西侧邻近国宾大厦、将台酒店	国宾大厦为地上 16 层、地下 2 层框架结构,基础为筏板基础,与斜通道平面距离约为 13.0m,与扩挖结构平面距离为 24.0m;国宾大厦 4 层建筑,基础为条形基础,斜通道结构边缘与国宾大厦 4 层楼平面距离约为 16.0m,与扩挖结构平面距离为 27.0m;将台酒店地上 5 层,砖混结构墙下条形基础,与扩挖结构平面距离为 20.0m,与斜通道距离为 9.9m	二级

（2）车站上方为城市主干道，交通流量大，隧道穿越地层主要为黏土、粉土、粉质黏土、粉细砂、中粗砂；拱部位于粉质黏土层，距上部中粗砂、粉细砂层 1～2m；地层自稳能力差，且车站埋深较浅，无法形成天然拱。

（3）现状道路较窄，交通繁忙，地面建筑密集；车站下穿或侧穿多条地下管线，管线处于强烈开挖影响区域，环境风险等级高。

（4）扩挖车站段管片的合理构造、管片的稳定性、管片的重复利用、特殊管片的设计、管片拆除技术等也是风险控制的关键。

2. 风险控制技术依据

（1）《北京地铁 14 号线工程将台站盾构扩挖法车站施工设计》（天津市市政工程设计研究院，2012 年 4 月）；

（2）《北京地铁 14 号线工程将台站岩土工程勘察报告（详勘阶段）》（北京城建勘测设计研究院有限责任公司，2009 年 11 月）；

（3）《地铁工程监控量测技术规程》DB 11/490—2007；

（4）《城市轨道交通工程测量规范》GB 50308—2008；

（5）《地下铁道工程施工及验收规范》GB 50299—1999（2003 年版）；

（6）《北京地铁工程第三方监测设计指南》（北京市轨道交通建设管理有限公司）；

（7）《北京地铁工程监控量测设计指南》（北京市轨道交通建设管理有限公司）；

（8）北京市轨道交通建设管理有限公司及其他产权单位发布的企业标准、管理文件及其他相关的国家、地方规范、法规。

3. 车站主体结构施工风险控制措施

（1）扩挖施工过程技术措施

1）盾构隧道内中墙和纵梁施工完成后，及时架设临时钢支撑；

2）扩挖车站位置地下水位较高，施工期间需要进行地面管井降水和洞内排水；

3）中洞开挖需要在侧导洞初期支护及围护灌注桩施工完成后进行；

4）中洞拱顶加固土体范围最小宽度为 1.2m，施工中采用洞内深孔注浆加固；

5）施工中每一分区开挖完成后，立即对暴露土体用 C25 网喷混凝土封闭；

6）中洞开挖、管片拆除做到对称施工，避免偏载对临时结构产生不利影响；

7）二次衬砌扣拱过程中临时支撑应分段拆除，确保结构稳定，可根据监控量测结果确定监测范围；

8）施工过程中加强监控量测，若出现异常，及时调整优化支撑方案。

（2）盾构管片拆除技术措施

管片环采用"8+1"9 块等分方式，管片宽 1.8m、厚 0.5m，其中标准块（A 块）6 块，邻接块（B 块）2 块，封顶块（K 块）1 块，每条纵缝由 2 根 M36 斜直螺栓连接，环缝由 18 根 M36 斜直螺栓连接。

管片拼装方式主要有通缝拼装和错缝拼装两种，由于车站扩挖段需要拆除部分管片，为避免错缝拼装引起的过量切割，需要考虑管片的拆除位置，因此采用通缝拼装方式，分块对称布置，封顶块正放。扩挖施工中需要拆除 2 块邻接管片、4 块标准管片和部分 K 管片，保留底部 2 块标准管片，可拆除管片的完整角度为 240°，施工时只需拆掉连接螺栓，减少了切割量。

由于管片自重大，且管片拆除会引起结构应力重分布，因此拆除管片的过程风险极大，故管片设计需遵循以下几个原则：

1）管片分块需要与扩挖工序、结构断面、管片拆除工艺相结合；

2）易于安装，且拼装精度易控制，保证区间管片与车站扩挖段管片的合理衔接；

3）利于管片快速拆除，且部分管片拆除后，保证剩余管片与扩挖主体结构的有效连接。

PBA 法扩挖施工过程中，按照施工步骤管片拆除过程如下：

1）K 管片分块拆除

① 进行中导洞第一步土方开挖和第二步土方开挖，至侧导洞底板位置；

② 搭建 1m 高的施工平台并铺设轨道；

③ 凿通管片注浆孔，安装吊链，在管片内侧安装千斤顶，固定好 K 管片分块和邻接块；

④ 凿除 K 管片混凝土保护层，拆除 K 管片分块中的楔形块，解除 K 管片和邻接管片的连接；用吊链吊起，放在平板车上，牵引拉出。

2）邻接管片拆除

① 安装吊链和千斤顶，固定好待拆除的邻接块；

② 拆除第一道水平支撑和邻接块；

③ 利用第二道水平支撑作为运输通道。

3）中部标准块拆除

① 进行第三步土方开挖，深度 2.66m；

② 安装吊链和千斤顶，固定好待拆除的中部标准块；

③ 拆除第二道水平支撑及中部标准块（拆除方法同邻接块）。

4）下部标准块拆除

① 开挖剩余土方，超挖 800mm，施工 500mm 厚钢筋混凝土垫层作为临时支撑；

② 安装吊链和千斤顶，固定好待拆除的下部标准块；

③ 拆除第三道水平支撑及下部标准块。

（3）K 管片分块拆除技术措施

K 管片采用分块连接构造，中间为保留部分，斜向接触面间预埋钢板，与连接螺栓正交。K 管片有三个关键受力工况：

1）管片拼装阶段，受到来自盾构机千斤顶的推力以及后方管片的反作用力，从而在接触面处形成剪力；

2）管片拼装完成阶段，即纵梁和中墙浇筑后、管片拆除前的阶段，主要受到管片环外土压力的作用以及顶纵梁和相邻管片的作用，在接触面处产生轴力、弯矩和剪力；

3）螺栓拆除阶段，在管片顶推过程中，可能造成接触面两侧部分产生相对位移，导致螺栓退出困难，因此需要确定螺栓退出的顶推力。

经分析得知，接触面是 K 管片结构的薄弱部位，在施工中受力复杂，关注的重点是能否满足工程安全需要，因此对 K 管片进行试验室加载试验，以实现如下目的，并以试验结果指导施工：

1）得到在不同连接螺栓紧固力、不同加载工况及不同钢板接触面粗糙度条件下，K

管片接触面的摩阻力大小;

2）通过对"螺栓拆卸工艺"的试验,获得斜向螺栓能顺利退出的最大顶推力。

试验的测试内容包括螺栓紧固力、接触面最大静摩擦力、混凝土应变、接缝张开量等,测量方法按照《混凝土结构试验方法标准》GB/T 50152—2012设计。

加载设备包括液压千斤顶（1000kN）、水平反力墙、竖向反力架、地锚螺栓。采用电阻应变片测量技术,在混凝土表面贴长标距应变片（尺寸为100mm×5mm）和45°应变花（尺寸为50mm×5mm）。在接缝两侧的管片部位均匀布置应变片,在应力复杂的部位布置应变花,重点研究分块接触面部位的应变分布情况。

试验中采用游标卡尺和思韦尔裂缝宽度观测仪（型号SW-LW-201）来测量K管片分块间接缝的张开量和裂缝宽度,测试精度为0.01mm。采用扭力扳手,按扭矩要求拧紧螺栓,适合于精度要求高的紧固件的力矩测试,并通过力矩测试计算出螺栓紧固力。

因考虑到该试验可同时研究分块接触面最终破坏形式、最大承载力、最大变形量以及钢板附近混凝土受力,故在钢板接缝两侧的管片部位均匀布置应变片,在应力复杂的部位布置应变花,用以重点研究分块接触面部位的应变分布情况。并在接缝处设置位移监测点,监测当分级加载到试块开始移动时的千分表读数变化情况和荷载大小,同时设接缝张开量观测点用来测量在加载过程中接缝张开量和裂缝宽度的变化情况,测点布置见图4-27。

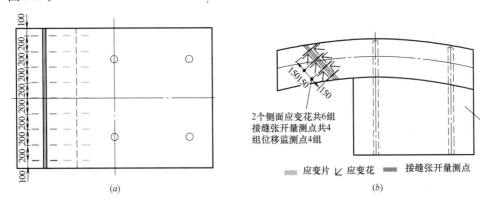

图 4-27　测点布置示意图（单位：mm）

（a）平面图；（b）立面图

（4）扩挖过程关键工序施工技术措施

1）盾构隧道

盾构隧道管片拼装方式有两种,区间采用错缝拼装,车站主体范围内采用通缝拼装,共80环,封顶块设置于正上方。盾构到达车站位置前,先在站端施工风道,兼作暗挖施工横通道;盾构到达车站位置时,在风道内施工负环段;盾构通过后待管片与土体侧摩阻力达到后备力要求时,拆除1、2号风道内负环段,预制衬砌环时其上预埋钢板,以便与临时钢支撑连接。

2）侧导洞

侧导洞开挖断面为5.1m×5.6m,采用台阶法开挖,台阶长度为5～7m。由于两侧导洞均平行下穿雨、污水管，沿两侧导洞拱部轮廓设置双排 $\Phi42.3\times3.25$、$L=2.5m$ 的小导管超前注浆加固地层，小导管外插脚 $10°\sim15°$，环向间距 0.3m，纵向间距每榀格栅一环。

3）中导洞

中导洞的跨度为 6m，一端与侧导洞初期支护连接，另一端与管片连接。中导洞拱部采用大管棚、小导管超前预注浆加固地层，大管棚采用 $\Phi108$ 钢管，长度不小于 8m，环向间距 0.3m，外插脚 $2°\sim5°$，总长度 142.8m，管内用水泥砂浆填充，站端风道施工阶段需要提前施作管棚。小导管 $\Phi42.3\times3.25$、$L=2.5m$，环向间距 0.3m，外插脚 $10°\sim15°$，注浆加固直径 0.5m，纵向间距每两榀格栅一环，注浆加固压力为 $0.5\sim1.0MPa$。

4）围护桩

围护桩采用 $\Phi800@1200$ 钢筋混凝土灌注桩，桩底伸入基坑底不少于 13m，采用桩端压浆工艺，基坑侧壁挂 $\Phi6.5@150\times150$ 钢筋网，喷 C20 混凝土，包括网喷、防水层、找平层等，总厚度 100mm。

5）临时钢支撑

根据扩挖主体结构初期支护整体受力和拆除管片施工过程结构受力变化的需要，盾构隧道内利用型钢设置钢支撑体系，钢支撑体系共分三层，分别对应需要拆除的 6 块管片，支撑与土方开挖、管片拆除等施工步序相结合设置，同时第二道支撑与侧导洞底板、中导洞临时封底对应，满足水平力传递要求。

6）扩挖结构二次衬砌

扩挖结构二次衬砌采用全现浇防水混凝土，底板厚 800mm，顶拱（最薄处）厚 600mm，侧墙厚 700mm，中墙厚 500mm。纵梁和中墙作为扩挖结构与盾构隧道受力转换的关键构件，在盾构隧道施工完成后、架设临时钢支撑前施工。为抵抗可能出现的施工偏载，顶纵梁顶部设置抗剪键与管片连接，施工纵梁与中墙钢筋时，将抗剪键与其焊接。

4. 周边环境风险控制措施

（1）管线保护技术措施

1）施工前管线调查

调查施工影响范围内管线的基本情况，包括管线类型、材料、用途、年代、埋深等。根据管线与车站主体结构的位置关系、地层及环境特点确定管线的风险等级。根据工前调查情况，并考虑管-土之间的相互作用，采用三维非连续接触模型模拟开挖施工过程对管线的影响，分析管-土分离、管线沉降变化、管线应力变化和管线接头转角。根据数值模拟结果和实际调查情况，制定相应的风险管理模式，包括确定管线变形监控量测基准值、制定安全预警机制和双控（变化量、变化速率）指标，加强现场安全巡视，做出安全状态评价。

2）管线变形监测技术

监测采用几何水准量测的方法，使用 Trimble DINI03 电子水准仪观测，每公里往返水准中误差观测精度为 0.3mm/km。根据管线的风险等级确定监测频率，如遇关键工序或沉降变形过大，则加强监测，并及时进行信息反馈。为有效地进行风险控制，在既定的控制标准下，根据数值计算结果，按照施工步骤进行分配，进行分级分步控制，总结监测项目变形规律，及时进行信息反馈。

对采集到的数据进行报告，形式为日报、周报和总结报告。日报内容包括工程概况及施工进度、监测数据、现场安全巡视表和现场安全巡视影像资料。周报主要内容包括工程概况及施工进度、监测工作简述、监测成果统计及分析、监测结论与建议、监测数据汇总表、安全巡视汇总表、变形曲线图和监测测点布置图。总结报告内容包括工程概况、监测目的、监测项目和技术标准；采用的仪器型号、规格和标定资料；测点布置、监测数据采集和观测方法；现场安全巡视方法、监测资料、巡视信息的分析处理；风险预警情况、监控跟踪情况及其处理；监测结果评述、现场安全巡视效果评述、超前预报效果评述和安全风险咨询管理服务效果评述。管线巡视预警标准见表4-15。

管线巡视预警标准　　　　　　　　　　　　　　　　　　　　　　表 4-15

巡视状况描述	安全状态评价		
	黄色预警	橙色预警	红色预警
地下管线持续漏水(气)，暂无扩大趋势	★		
地下管线持续漏水(气)，且有扩大趋势		★	
地下通信电缆被切断			★
地下输变电管线破坏			★
地下管线的检查井等附属设施开裂或进水	★		

3）风险应对措施

根据监测点预警及巡视预警情况，对施工监控信息、巡视信息进行综合分析，进行初步判断。风险确定的原则为当单项监测点预警或巡视预警达到红色预警状态；或监测预警与巡视预警同时达到黄色预警状态以上、红色预警状态以下，但判断其组合风险较大；监测预警或巡视预警虽介于黄色预警状态以上、红色预警状态以下，但根据工程经验判断可能有较大安全风险。确定为综合预警状态后应立即提交项目总工程师、项目经理、项目专家组会商分析，通过深入分析数据信息情况、现场核查、专家讨论等，形成结论意见，在确定处理方案后，由施工单位根据方案采取对应的处理措施。

有针对性地加强对风险位置周边环境和现场监测、巡视及风险信息的汇总分析，对处理措施实施的效果进行严密监控，在处理措施实施后，根据监控情况确认工程达到安全状态后，按管理流程进行消警处理。

（2）建筑物保护技术措施

1）集散厅采用盖挖逆作法施工，控制变形，减少对周边环境的影响；

2）建筑物与扩挖车站主体结构之间，从地面施作一排隔离桩，有效保护建筑物；

3）建筑物与明挖基坑之间预留注浆孔，如监测发现其地基基础变形过大，则进行注浆加固；

4）对建筑物和围护结构的变形情况进行监测，由第三方对建筑物进行现状质量评定和允许变形评定，提出现状建筑物允许的地基基础极限变形值、警戒值、预警值。预警值为地基基础极限变形值的 70%，警戒值为地基基础极限变形值的 85%。

针对风险源煤气管、雨污水管及上水管接头位置设置地下管线位移测点。针对酒仙桥电话局进行沉降和倾斜监测，建筑物沉降控制值为 20mm，基础的局部倾斜控制值为 0.002。当管线或建筑物变形过大时采取以下应急预案：

1）立即停止开挖施工，喷射混凝土封闭隧道掌子面，同时加密监测频率；

2）提前预留注浆管，根据监测数据情况，在必要时进行注浆加固；

3）在隧道内管线周边进行注浆或二次注浆加固，适当加大注浆压力和注浆量，以主动控制其沉降；

4）组织专家讨论分析造成沉降值或倾斜超限的原因和相应的控制措施；

5）根据确定的控制措施重新制定或调整施工工艺和施工组织，进行施工交底，并严格落实各项施工措施，打开封闭掌子面进行开挖施工。

4.5　监控量测及分析

综合本车站各方的设计图纸，结合现场踏勘情况，根据《北京市轨道交通工程建设安全风险技术管理体系（试行）》文件及有关规范、规程，确定监测控制措施。

4.5.1　地表沉降监测及分析

1. 监测作业方法

（1）监测频率

盾构法施工阶段，掘进面距监测断面前后的距离 $L \leq 30m$ 时，1 次/d；掘进面距监测断面前后的距离 $30m < L \leq 60m$ 时，1 次/2d；掘进面距监测断面前后的距离 $L > 60m$ 时，1 次/周；经数据分析确认达到基本稳定后，1 次/月。

扩挖法施工阶段，当开挖面到监测断面前后的距离 $L \leq 2B$ 时（B 为隧道直径或跨度），1 次/d；当开挖面到监测断面前后的距离 $2B < L \leq 5B$ 时，1 次/2d；当开挖面到监测断面前后的距离 $L > 5B$ 时，1 次/周；经数据分析确认达到基本稳定后，1 次/月。

如遇监测值及变形速率均超过控制值，或巡视发现周边环境、隧道稳定性出现问题时，应适当加密监测频率。

（2）现场监测周期

初始值测定：测点布置完成后，在施工影响之前，应对所有的监测项目进行连续三次独立的观测，判定合格后取其平均值作为监测项目的初始值。为了更好地进行对比分析，针对共同的监测点，第三方监测单位同施工监测要在相同的时间段进行初始值测定。

停测标准：本工程变形稳定判断的标准依据《建筑变形测量规范》JGJ 8—2007 的相关内容确定，即"当最后 100d 的沉降速率小于 $0.01 \sim 0.04mm/d$ 时可认为已经进入稳定阶段"。

（3）测点埋设方法

基准点采用人工开挖或钻具成孔的方式进行埋设，为保护测点不受碾压影响，道路及沉降测点标志采用窖井测点形式。埋设步骤如下：

1）土质地表使用洛阳铲，硬质地表使用 Φ80 工程钻具，开挖直径约 80mm、深度大于 3m 的孔洞；

2）夯实孔洞底部；

3）清除渣土，向孔洞内部注入适量清水养护；

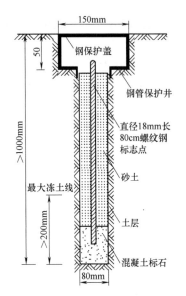

图 4-28　道路及地表沉降观测点埋设形式

4）灌注标号不低于 C20 的混凝土，并使用振动机具使之灌注密实，混凝土顶面距地表距离保持在 5cm 左右；

5）在孔中心置入长度不小于 80cm 的钢筋标志，露出混凝土面约 1～2cm；

6）上部加装钢制保护盖；

7）养护 15d 以上。地表沉降监测点应埋设平整，防止由于高低不平影响人员及车辆通行，同时，测点应埋设稳固，做好清晰标记，方便保存。

道路及地表沉降观测点埋设形式如图 4-28 所示。

2. 地表沉降监测数据分析

将台站的起讫里程为 K39＋459.500—K39＋627.500，现场监测断面 DB-33、DB-34、DB-35 设于车站线路中间位置，如图 4-29 所示，地表监测点分布如图 4-30 所示。沉降监测时间为 2012 年 7 月 5 日至 8 月 26 日，其中有 6d 无监测数据，为得到等间距的时间序列，采用三次样条差值方法扩充容量，得到共 47d 的沉降历时曲线，如图 4-31 所示。DB-33 和 DB-34 断面在盾构通过时，前方

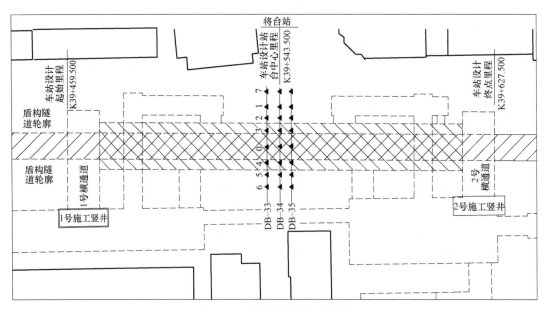

图 4-29　监测断面布置示意图

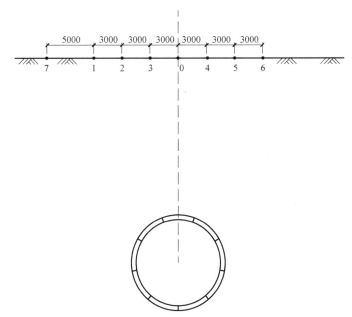

图 4-30　地表监测点分布示意图（单位：mm）

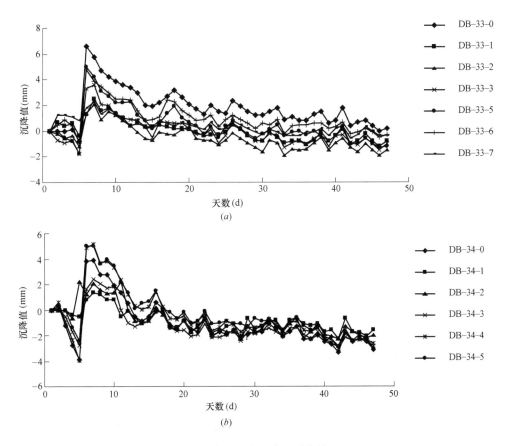

图 4-31　监测断面地表沉降历时曲线（一）

(*a*) DB-33 断面；(*b*) DB-34 断面；

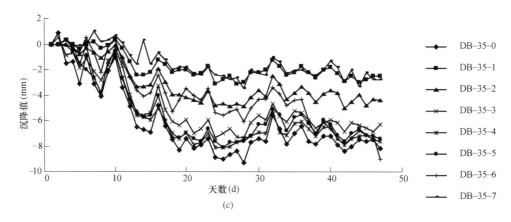

图 4-31　监测断面地表沉降历时曲线（二）

（*c*）DB-35 断面

地表出现了明显的隆起现象，最大地表隆起值达到 6.6mm，最大地表沉降值为 9.3mm，低于地表沉降控制值。沉降随时间的变化基本上可以分为两个阶段：前 20d 变化剧烈，20d 后趋于平稳，日变化量基本小于 0.5mm。

图 4-32　车站三维模型

4.5.2　地表沉降数值分析

1. 数值计算结果

采用 Flac³ᴰ 建立车站三维模型如图 4-32所示，车站施工过程模拟如图 4-33 所示。其中围岩和二次衬砌采用实体单元模拟，初期支护和管片采用壳单元模拟，I25a 型钢支撑采用梁单元模拟，地层加固按提高围岩参数处理，计算参数见表 4-7。模型左右取 3 倍开挖宽度，上边界取至地表，下边界取 2 倍开挖高度，纵向取 54m。

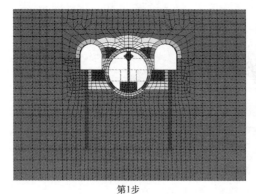

第1步

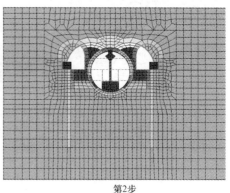

第2步

图 4-33　车站施工过程模拟（一）

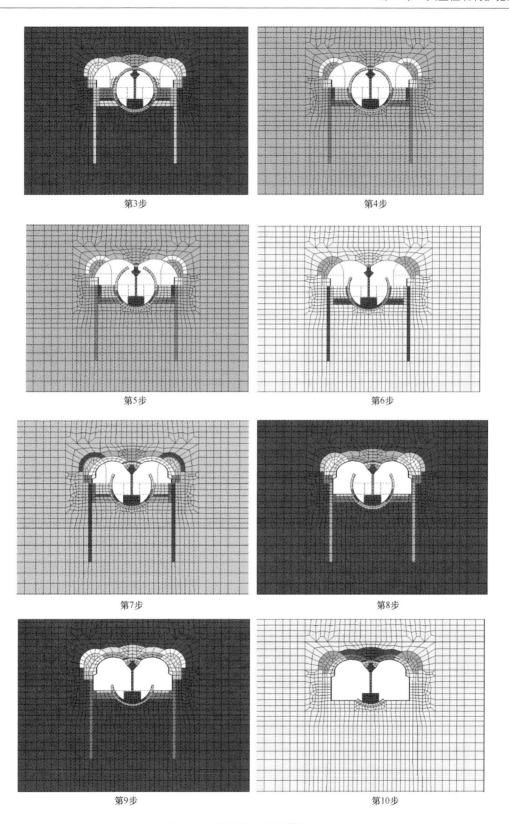

第3步　　　　　　　　　　　　　　第4步

第5步　　　　　　　　　　　　　　第6步

第7步　　　　　　　　　　　　　　第8步

第9步　　　　　　　　　　　　　　第10步

图 4-33　车站施工过程模拟（二）

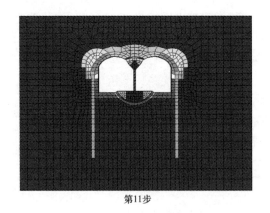

第11步

图 4-33　车站施工过程模拟（三）

数值模拟结果显示 PBA 法扩挖施工车站主体结构过程中最大地表沉降为 30.3mm，关键施工步骤为侧导洞开挖和中导洞主拱开挖过程。图 4-34 为地表和拱顶沉降监测点位置示意图，表 4-16 为主要施工步骤相应的地表监测点沉降值。图 4-35 为地表沉降曲线，图 4-36 为拱顶监测点下沉历时曲线。

从图 4-35 可以看出，盾构隧道施工阶段地表最大沉降值为 10mm，符合施工监测数据。在扩挖过程中，结构中心上方地表总沉降值为 30.3mm，关键工序为侧导洞开挖和中导洞主拱开挖过程，这两个过程产生的地表沉降约占扩挖过程地表总沉降的 80%。主拱二次衬施作后，结构形成了稳定的承载体系，上部地层荷载通过主拱、中墙和围护桩传至

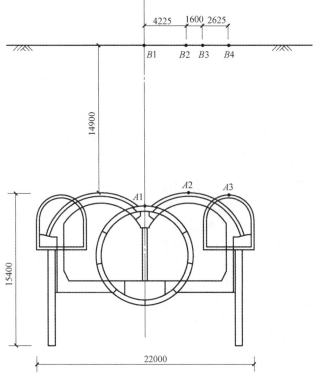

图 4-34　地表和拱顶沉降监测点位置示意图（单位：mm）

<table>
<tr><td colspan="3" align="center">地表监测点沉降值　　　　　　　　　　　　　　　　表 4-16</td></tr>
</table>

工序	沉降值(mm)	地表监测点位置
盾构施工	10.0	B1 盾构隧道中心线上方
侧导洞开挖	17.4	B4 小导洞中心线上方
主拱开挖	9.3	B2 主拱中心线上方
其他工序	4.4	B3 扩挖部分中心线上方

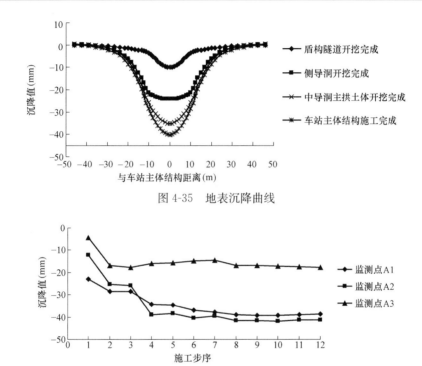

图 4-35　地表沉降曲线

图 4-36　拱顶监测点下沉历时曲线

深层土体，从而为后续施工提供了安全保证，并有效地控制了结构和地层的沉降。扩挖阶段每个侧导洞开挖引起各自的沉降，且两个侧导洞间距较大，使得开挖对地表的影响范围较大。数值模拟计算值比理论分析值小，但各施工步序沉降比例仍可作为沉降控制参考。

图 4-36 的横坐标中施工步序 1 为盾构隧道开挖，步序 2～12 为扩挖施工过程，与图 4-5 中第 1～11 步相对应。由于沉降的叠加作用，扩挖过程中监测点 A1、A2 和 A3 的下沉增量分别为 15.6mm、29.1mm 和 14.3mm。拱顶下沉主要发生在侧导洞开挖和中导洞主拱开挖过程，监测点 A1、A2 和 A3 在这两个阶段产生的下沉量分别占扩挖过程总下沉量的 73%、92% 和 87%。

2. 地表沉降控制标准制定

根据北京地铁工程施工监测控制基准，地铁车站地表沉降控制基准值为 60mm，根据相关文献的结论，矿山法车站地表沉降控制在 80mm 以内不会对结构及地表建筑物和地下管线产生较大影响。由于盾构施工过程成功地将地表沉降控制在 10mm 以内，因此建议采用 60mm 作为车站主体结构扩挖过程的沉降控制标准。

对比表 4-17 和表 4-18 北京地铁 10 号线 PBA 法施工地铁车站统计结果和数值模拟结

果，确定侧导洞开挖、中导洞主拱开挖和其他工序引起的地表沉降比例为 0.47：0.36：0.17。根据矿山法隧道施工过程三级控制要求，预警值为极限值的 70％，报警值为极限值的 85％，最终扩挖车站施工过程地表沉降分步控制标准见表 4-19。根据理论分析和工程经验，确定建筑物、地下管线以及地表沉降和倾斜监测控制值如表 4-20 所示。

PBA 法地铁车站最大地表沉降统计均值　　　　表 4-17

10 号线车站	覆土厚(m)	宽度(m)	高度(m)	等效直径(m)	最大沉降均值(mm)
黄庄站	5.23	25.3	18.88	23.95	84
工体北路站	9.70	11.2	14.43	15.55	53
国贸站	8.60	13.2	17.10	17.00	49
劲松站	10.66	22.1	14.55	20.59	105
苏州街站	6.00	26.6	17.10	24.07	25
万柳站	—	—	—	—	13
知春路站	9.00	9.0	13.53	12.45	31
安定路站	—	—	—	—	11
呼家楼站	7～10	12.62	15.73	14.90	39

PBA 法主要施工阶段地表沉降统计　　　　表 4-18

名称	导洞		主拱		导洞开挖		主拱开挖	
	面积 A_1(m²)	$\frac{A_1}{A}$(%)	面积 A_1(m²)	$\frac{A_1}{A}$(%)	沉降均值 S_1(mm)	$\frac{S_1}{S}$(%)	沉降均值 S_1(mm)	$\frac{S_1}{S}$(%)
国贸站风道	49	24	30	14	5.3	35	4.2	28
10 号线某站	35	21	53	32	9.3	30	14	45
苏黄区间	30	27	41	36	14	31	15	33
工体北路站	40	25	20	12	25	42	10	17
黄庄站	160	36	94	21	43	53	29	35

扩挖车站施工过程地表沉降分步控制标准　　　　表 4-19

工　序	沉降值(mm)		
	极限值	报警值	预警值
侧导洞开挖	28.3	24.1	19.8
中导洞主拱开挖	21.8	18.5	15.3
其他工序	9.9	8.4	6.9
总计	60.0	51.0	42.0

建筑物、地下管线以及地表沉降和倾斜监测控制值　　　　表 4-20

监测项目	监测内容	控　制　值
建筑物沉降	建筑物沉降绝对变化量	20mm；2mm/d；倾斜 3‰
地下管线沉降	地下管线沉降绝对变化量	有压：10mm；3mm/d；倾斜 2‰
		无压：20mm；3mm/d；倾斜 5‰
地表沉降	地表沉降绝对变化量	盾构：10/-30mm；3mm/d
		扩挖：60mm；3mm/d

4.5.3　管线沉降监测及分析

1. 管线基本情况

车站主体结构上方的管线大部分埋设在道路中间，与道路走向平行，如图 4-37 所示，管线基本情况见表 4-14。

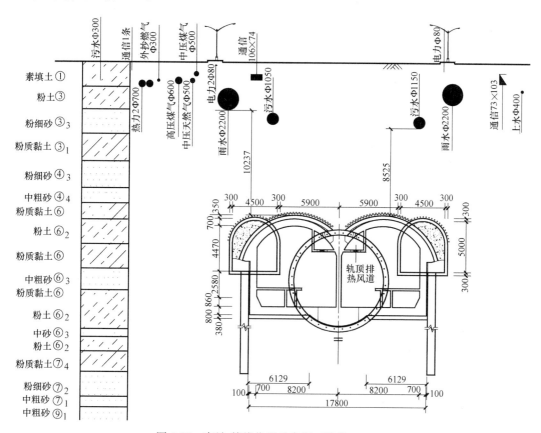

图 4-37　车站-管线位置示意图（单位：mm）

2. 管线监测方案

（1）在车站施工影响范围内，地下管线沉降测点布设情况如下：

1）车站主体结构范围内平行下穿、侧穿地下管线时，沿管线走向布置测点，每 10m 布设 1 个；

2）车站主体结构两侧平行侧穿地下管线时，沿管线走向布置测点，每 20m 布设 1 个。

（2）监测内容

1）地下管线沉降；

2）管体或接口破损、渗漏，包括位置、管线材质、尺寸、类型、破损程度、渗漏情况、发展趋势等；

3）管线检查井等附属设施的开裂及进水，包括裂缝宽度、深度、数量、走向、位置、发展趋势、井内水量等。

（3）沉降监测频率

1）盾构施工阶段，掘进面距监测断面前后的距离 $L \leqslant 30m$ 时，1 次/d；掘进面距监测断面前后的距离 $30m < L \leqslant 60m$ 时，1 次/2d；掘进面距监测断面前后的距离 $L > 60m$ 时，1 次/周；经数据分析确认达到基本稳定后，1 次/月。

2）扩挖施工阶段，当开挖面到监测断面前后的距离 $L \leqslant 2B$（B 为结构跨度）时，1 次/d；当开挖面到监测断面前后的距离 $2B < L \leqslant 5B$ 时，1 次/2d；当开挖面到监测断面前后的距离 $L > 5B$ 时，1 次/周；经数据分析确认达到基本稳定后，1 次/月。

（4）以下特殊情况适当加密监测频率

1）关键工序施工；

2）监测值及变形速率均超过控制值；

3）巡视发现周边环境对象或隧道稳定性出现问题；

4）场地条件变化较大；

5）在扣拱和拆撑做二次衬砌时加密监测。

地下管线和地表沉降监测控制值参见表 4-20。现场监测成果按黄色、橙色和红色三级警戒状态进行管理和控制，根据现场监测项目测点变形量及变形速率情况判断，判定标准见表 4-21。

三级警戒状态判定标准   表 4-21

警戒级别	控制指标
黄色监测预警	"双控"指标(变化量、变化速率)均超过监测控制值(极限值)的 70%时,或双控指标之一超过监测控制值的 85%时
橙色监测预警	"双控"指标均超过监测控制值的 85%时,或双控指标之一超过监测控制值时
红色监测预警	"双控"指标均超过监测控制值时,或实测变化速率出现急剧增长时

3. 管线监测数据分析

管线监测分两部分，一部分是盾构隧道施工阶段，另一部分是扩挖车站主体结构施工阶段，由于施工进度的原因，仅有盾构隧道施工阶段监测数据。盾构隧道施工阶段监测时间从 2012 年 7 月 5 日（盾构通过车站位置前）开始，连续监测至 8 月 21 日，8 月 26 日、9 月 8 日和 9 月 22 日对个别测点适当地进行补测。车站主体结构中心里程处地表沉降监测点为图 4-38 中 30～39 点，横通道上方地表沉降监测点为 01～12 点，另一侧横通道也进行了相应的监测，两处监测结果大致相同，下文仅对一侧进行监测结果分析。由于横通道施工对地表沉降已经产生了一定的影响，因此横通道上方测点提前一天开始监测，作为盾构施工过程附加的沉降参考。

地下管线测点布置原则：①有特殊要求的管线布置在管顶，无特殊要求时布置在管线上方地表；②布置在管线接头处或对位移变形敏感的部位；③考虑管线与洞室的相对位置关系。

根据以上原则和管线与车站的位置关系，最终确定了 6 条受施工影响较大、需要密切监测的管线，如图 4-38 所示，测点布置在管线上方地表。隧道中线两侧管线基本对称，因此仅对 GXC-01、GXC-02、GXC-03 测线进行分析。

（1）$\Phi 400$ 上水管沉降分析

位于横通道上方的 $\Phi 400$ 上水管地表沉降监测点被遮挡而无法监测，仅有车站主体结

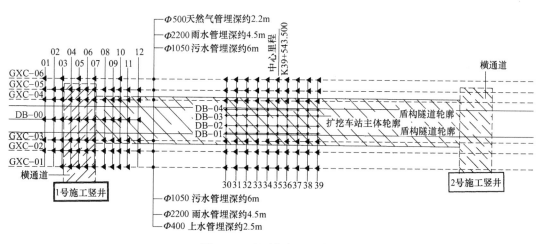

图 4-38　监测点布置示意图

构中心里程处监测值，其中有效测点 5 个，GXC-01 测线地表沉降历时曲线和变形速率见图 4-39 和图 4-40。

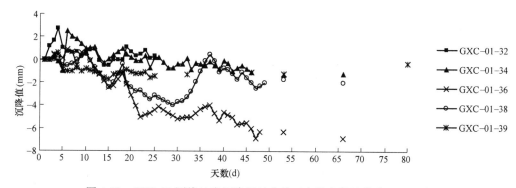

图 4-39　GXC-01 测线地表沉降历时曲线（车站主体结构中心里程处）

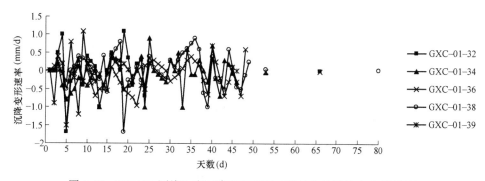

图 4-40　GXC-01 测线地表沉降变形速率（车站主体结构中心里程处）

从地表沉降历时曲线上可以明显看出沉降过程大致分为以下几个阶段：盾构到达时地表有隆起现象；盾构通过后沉降加速；后期沉降变缓，沉降变形速率小于 0.5mm/d；至 8月 26 日以后，沉降变形速率基本为零。最大沉降值为 6.90mm，出现在 GXC-01-36 点；最大隆起值为 2.70mm，出现在 GXC-01-32 点。

（2）Φ2200雨水管沉降分析

Φ2200雨水管上方地表沉降监测点分为两部分，车站主体结构中心里程处和横通道处测线地表沉降历时曲线和变形速率见图4-41～图4-46。

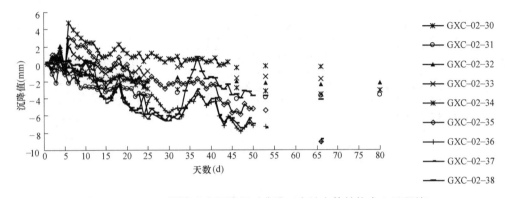

图4-41　GXC-02测线地表沉降历时曲线（车站主体结构中心里程处）

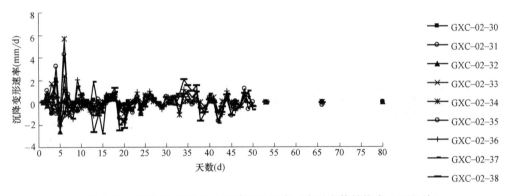

图4-42　GXC-02测线地表沉降变形速率（车站主体结构中心里程处）

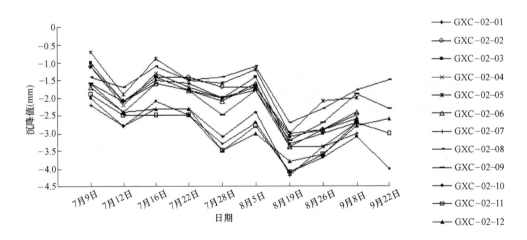

图4-43　GXC-02测线地表沉降历时曲线（横通道处）

从图4-41可以看出，车站主体结构中心里程处测线地表沉降历时曲线大致有以下几个阶段：盾构通过前地表产生先期沉降；盾构通过时地表产生隆起；盾构通过后地表急剧

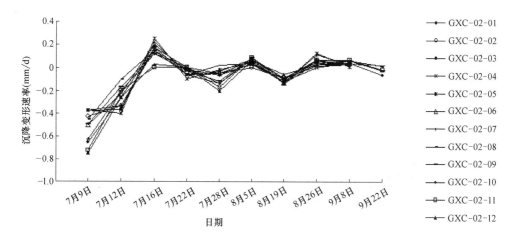

图 4-44 GXC-02 测线地表沉降变形速率（横通道处）

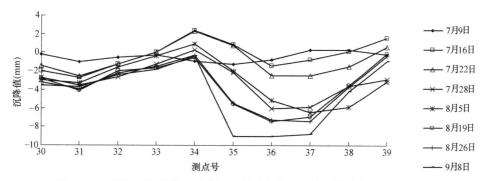

图 4-45 GXC-02 测线纵向地表沉降历时曲线（车站主体结构中心里程处）

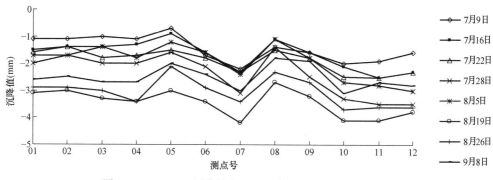

图 4-46 GXC-02 测线纵向地表沉降历时曲线（横通道处）

下沉；一段时间后地表缓慢下沉，部分测点略有回升。最大地表沉降值为 9.05mm，发生在 GXC-02-36 点；最大地表隆起值为 4.80mm，发生在 GXC-02-24 点；8 月 26 日以后沉降变形速率基本为零。

盾构施工对横通道处地表沉降影响较小，因而未进行连续监测。从图 4-43 可以看出，地表沉降呈下沉趋势，最大地表沉降值为 4.20mm。图 4-44 显示沉降变形速率较小，7 月 22 日以后基本小于 0.1mm/d。

Φ2200 雨水管埋深浅且管径大，地表沉降规律基本可以反映管线沉降规律。从图 4-45

和图 4-46 可以看出管线纵向变形趋势，管节间出现了差异沉降。

（3）Φ1150 污水管沉降分析

GXC-03 测线地表沉降监测点分为两部分，车站主体结构中心里程处和横通道处，地表沉降历时曲线和变形速率见图 4-47～图 4-52。

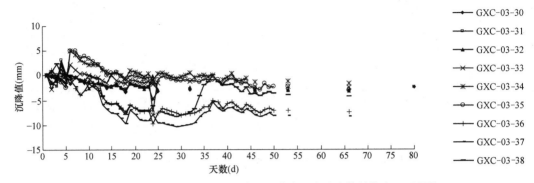

图 4-47　GXC-03 测线地表沉降历时曲线（车站主体结构中心里程处）

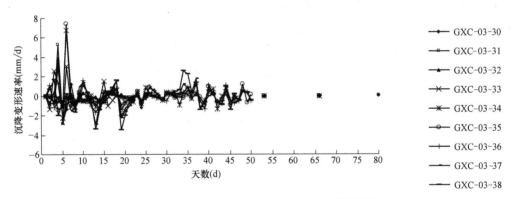

图 4-48　GXC-03 测线地表沉降变形速率（车站主体结构中心里程处）

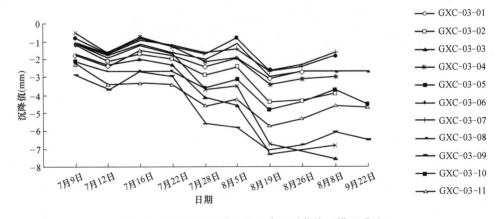

图 4-49　GXC-03 测线地表沉降历时曲线（横通道处）

从图 4-47 可以看出，车站主体结构中心里程处 GXC-03 测线地表沉降历时曲线变化规律与 GXC-02 测线相同。最大地表沉降值为 10.40mm，发生在 GXC-03-37 点；最大地表隆起值为 5.0mm，发生在 GXC-03-35 点；8 月 26 日以后沉降变形速率基本为零。

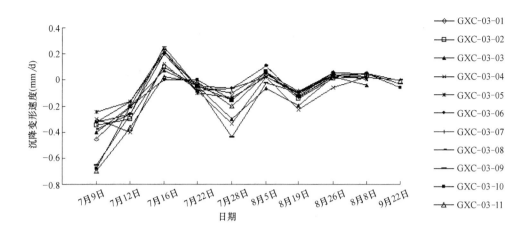

图 4-50　GXC-03 测线地表沉降变形速率（横通道处）

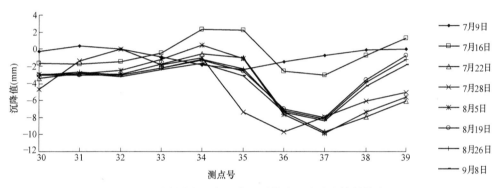

图 4-51　GXC-03 测线纵向地表沉降历时曲线（车站主体结构中心里程处）

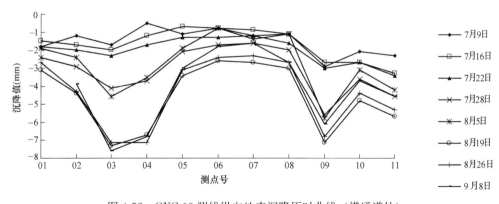

图 4-52　GXC-03 测线纵向地表沉降历时曲线（横通道处）

　　盾构施工对横通道处地表沉降影响较小，因而未进行连续监测。从图 4-49 可以看出，地表沉降呈下沉趋势，最大地表沉降值为 7.60mm。图 4-50 显示沉降变形速率较小，7 月 22 日以后基本小于 0.1mm/d。

　　Φ1150 污水管埋深浅且管径大，地表沉降规律基本可以反映管线沉降规律。从图 4-51 和图 4-52 可以看出管线纵向变形趋势，管节间出现了差异沉降。

4. 管线沉降规律总结

横通道在盾构通过前施工完成，横通道内盾构为负环段，加之横通道施工加固地层的作用，横通道处产生的沉降略小于车站主体结构中心里程处产生的沉降，且沉降变形速率较小，7月22日以后基本小于0.1mm/d，可以认为地表沉降趋于稳定。

车站主体结构中心里程处管线上方地表沉降历时曲线大致有五个阶段：盾构通过前地表产生先期沉降；盾构通过时地表产生隆起；盾构通过后地表急剧下沉；一段时间后地表缓慢下沉，部分测点略有回升；8月26日以后沉降变形速率基本为零。越靠近结构中心，盾构施工过程产生的沉降越大，最大地表沉降值基本都不大于10mm，隆起值都不大于5mm，满足地表沉降控制要求。

由于车站主体结构上方的管线埋深较浅且管径大，地表沉降规律基本可以反映管线沉降规律。监测数据显示管线上方地表纵向产生弯曲变形，管线因不均匀沉降向上隆起或下沉。表4-22和表4-23为盾构施工阶段管线沉降汇总，从表中可以看出最大地表倾斜值均小于2‰，满足地表倾斜要求；最大地表沉降值和隆起值均小于表4-20的沉降控制标准。因此，盾构隧道施工完成后，按平均值计算，地表最大倾斜剩余控制值约为1.5‰。

盾构施工阶段管线沉降汇总（车站主体结构中心里程处） 表4-22

测线	与车站结构中心距离（m）	最大地表沉降值（mm）	最大地表隆起值（mm）	最大地表倾斜值（‰）	备注
GXC-01	约18.5	6.90	2.70	0.2	Φ400 上水管埋深约2.8m
GXC-02	约11.3	9.05	4.80	0.9	Φ2200 雨水管最大埋深4.5m
GXC-03	约8.0	10.40	5.00	0.6	Φ1150 污水管埋深5.5~6m

盾构施工阶段管线沉降汇总（横通道处） 表4-23

测线	与车站结构中心距离（m）	最大地表沉降值（mm）	最大地表隆起值（mm）	最大地表倾斜值（‰）	备注
GXC-01	约18.5	—	—	—	Φ400 上水管埋深约2.8m
GXC-02	约11.3	4.20	—	0.2	Φ2200 雨水管最大埋深4.5m
GXC-03	约8.0	7.60	—	0.4	Φ1150 污水管埋深5.5~6m

4.5.4 管线沉降数值分析

1. 计算模型和参数的选择

以车站上方Φ400上水管、Φ2200雨水管、Φ1150污水管为研究对象，进行施工过程动态模拟，考察车站施工过程对管线变形的影响规律。模型水平向（X向）两侧各取3倍开挖宽度，纵向（Y向）取30环管片宽度，竖向（Z向）顶部取至地表，下部取2倍结构高度，模型尺寸为154m×54m×58m。模型计算范围的端面满足连续性边界条件，模型侧面和底面为位移边界，侧面限制水平位移，底面限制竖向位移，上表面为自由边界。考虑地面超载的影响，在模型顶部施加20kN/m²的面荷载。计算模型如图4-53所示。

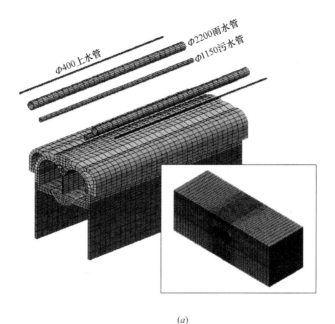

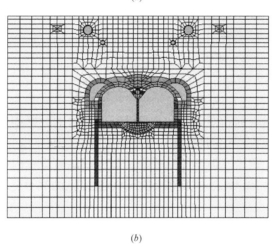

图 4-53　车站与管线的空间位置关系

(a) 三维图；(b) 剖面图

　　盾构管片的混凝土强度等级为 C50，采用实体单元模拟。初期支护、中隔板的混凝土强度等级为 C25，采用壳单元模拟。模筑钢筋混凝土二次衬砌、纵梁和中墙的混凝土强度等级为 C40，采用实体单元模拟。管线采用实体单元模拟，临时钢支撑采用梁单元模拟，结构物理力学参数见表 4-24。

　　管线与土层的材料性能相差很大，施工过程中造成的地层位移影响两者之间的变形协调，两者之间的界面可能产生相对位移或脱离。Flac3D 提供了允许不同材料之间或刚度相差较大的材料之间可以剪切滑移的接触面单元（Interface element），接触面单元的法向应力和切向应力由材料的法向刚度和剪切刚度承担，可用于判断接触面两侧的材料——管线与土层的工作状态。管-土接触面单元如图 4-54 所示。

结构物理力学参数（管线模拟） 表 4-24

结构名称	密度（kg/m³）	弹性模量（GPa）	泊松比
管片	2500	34.5	0.2
初期支护	2300	28	0.2
二次衬砌	2500	32.5	0.2
纵梁	2500	32.5	0.2
中墙	2500	32.5	0.2
钢支撑	7800	210	0.2

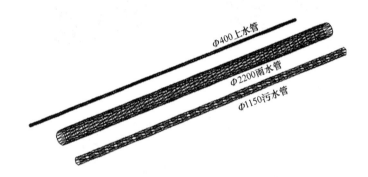

图 4-54　管-土接触面单元

在模拟管-土接触面的相对位移和分离情况时，接触面摩擦参数——黏聚力和内摩擦角的取值相对于法向刚度和剪切刚度而言更为重要。根据一些工程实例的模拟试验研究结果，管-土接触面的黏聚力、内摩擦角值为相邻土层黏聚力、内摩擦角值的 0.5 倍，接触面两侧材料的刚度相差较大，按"较软"一侧材料的属性选取。管-土接触面参数如表 4-25 所示。

管-土接触面单元参数 表 4-25

接触面位置	黏聚力（kPa）	内摩擦角（°）	法向刚度（Pa/m）	剪切刚度（Pa/m）
Φ400 上水管与土层之间	9.9	13.9	12.31×10^9	12.31×10^9
Φ2200 雨水管与土层之间	9.9	13.9	2.80×10^9	2.80×10^9
Φ1150 污水管与土层之间	9.9	13.9	3.08×10^9	3.08×10^9

2. 管线沉降计算结果分析

选取模型纵向中点管顶节点作为计算监测点，分析车站主体结构施工过程中各测点的沉降，如图 4-55～图 4-57 所示。施工过程中管-土竖向分离值、管线沉降值及沉降比例如表 4-26～表 4-28 所示，管-土竖向分离值正值表示管线产生的沉降值小于管周土层产生的沉降值，负值表示管线产生的沉降值大于管周土层产生的沉降值。

（1）Φ400 上水管沉降

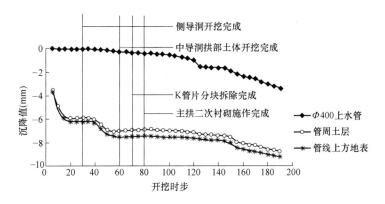

图 4-55　扩挖施工过程中 Φ400 上水管沉降历时曲线

Φ400 上水管沉降值　　　　　　　　　　　　　表 4-26

施工阶段	管-土竖向分离值(mm)	管线沉降值(mm)	与管线上方地表沉降的比值
盾构隧道开挖完成	4.00	0.04	0.01
侧导洞开挖完成	5.80	0.11	0.01
侧导洞回填混凝土	5.92	0.12	0.01
中导洞拱部土体开挖完成	6.57	0.42	0.05
开挖土体至第二道横撑下	6.49	0.56	0.07
K 管片分块拆除完成	6.32	0.75	0.09
邻接块拆除完成	6.14	1.02	0.13
主拱二次衬砌施作完成	5.76	1.59	0.20
开挖土体至第三道横撑下	5.71	2.45	0.28
中部标准块拆除完成	5.67	2.61	0.29
下部标准块拆除完成	5.54	3.11	0.34
底板与侧墙二次衬砌施作完成	5.44	3.34	0.36

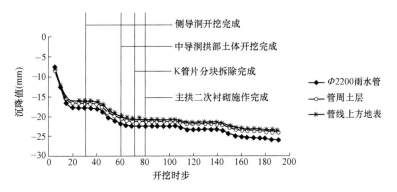

图 4-56　扩挖施工过程中 Φ2200 雨水管沉降历时曲线

Φ400 上水管位于车站的一侧，与车站主体结构顶板的最小距离为 11.6m，与边墙相距 8m，埋深 2.8m。由于铸铁管的刚度远大于管周土层的刚度，因此对土层的变形具有抵抗作用。从图 4-55 和表 4-26 可以看出，管线的沉降小于管周土层的沉降，产生管-土分离，最大竖向分离值为 6.57mm；施工过程对管线沉降的影响较小，管线最大沉降值为 3.34mm，小于管线上方地表沉降，二者之间最大沉降比值为 0.36。

（2）Φ2200 雨水管沉降

Φ2200 雨水管沉降值　　　　　　　　　　表 4-27

施工阶段	管-土竖向分离值（mm）	管线沉降值（mm）	与管线上方地表沉降的比值
盾构隧道开挖完成	−1.27	1.60	1.10
侧导洞开挖完成	−1.13	19.45	1.10
侧导洞回填混凝土	−1.10	19.59	1.09
中导洞拱部土体开挖完成	−1.31	24.06	1.08
开挖土体至第二道横撑下	−1.33	24.16	1.08
K 管片分块拆除完成	−1.30	24.35	1.07
邻接块拆除完成	−1.68	24.96	1.10
主拱二次衬砌施作完成	−1.51	24.90	1.08
开挖土体至第三道横撑下	−1.55	26.76	1.08
中部标准块拆除完成	−1.76	26.99	1.09
下部标准块拆除完成	−1.58	27.11	1.10
底板与侧墙二次衬砌施作完成	−1.88	27.47	1.10

Φ2200 雨水管位于车站的侧上方，与车站主体结构顶板的最小距离为 11.5m，埋深 4.5m。混凝土管的刚度大于管周土层的刚度，与车站结构中心的距离较近，处于强烈开挖影响区，对地层变形的抵抗能力弱。从图 4-56 和表 4-27 可以看出，管线沉降大于管周土层沉降，出现管-土分离现象，最大竖向分离值为 1.88mm。侧导洞开挖和中导洞拱部土体开挖过程对管线沉降影响较大，最终沉降为 27.47mm，略大于管线上方地表沉降，二者之间最大沉降比值为 1.10。

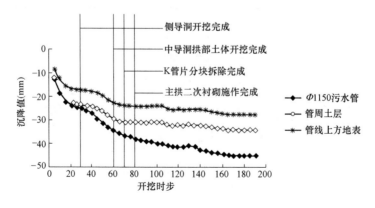

图 4-57　扩挖施工过程中 Φ1150 污水管沉降历时曲线

（3）Φ1150 污水管沉降

Φ1150 污水管位于车站上方，与车站主体结构顶板的最小距离约为 8.5～9.0m，埋深约为 5.5～6.0m。混凝土管处于强烈开挖影响区，抵抗土层变形的能力弱。从图 4-57 和表 4-28 可以看出，管线的沉降大于管周土体的沉降，出现管-土分离现象，最大竖向分离值为 11.07mm。管线沉降主要发生在侧导洞开挖和中导洞拱部土体开挖过程，最终沉降值达到 47.80mm，大于管线上方地表沉降值，二者之间最大沉降比值为 1.65。

Φ1150 污水管沉降值　　　　　　　　　　　　　表 4-28

施工阶段	管-土竖向分离值(mm)	管线沉降值(mm)	与管线上方地表沉降的比值
盾构隧道开挖完成	−1.30	2.50	1.45
侧导洞开挖完成	−1.70	28.10	1.47
侧导洞回填混凝土	−2.69	29.51	1.52
中导洞拱部土体开挖完成	−5.91	39.30	1.52
开挖土体至第二道横撑下	−9.10	42.52	1.65
K 管片分块拆除完成	−8.81	42.49	1.56
邻接块拆除完成	−9.54	44.11	1.63
主拱二次衬砌施作完成	−9.03	44.19	1.63
开挖土体至第三道横撑下	−10.47	47.14	1.62
中部标准块拆除完成	−11.07	47.72	1.64
下部标准块拆除完成	−10.74	47.51	1.63
底板与侧墙二次衬砌施作完成	−11.06	47.80	1.64

3. 管线侧移计算结果分析

选取模型纵向中点管侧节点作为监测点，图 4-58～图 4-60 所示为车站扩挖施工过程中各测点的侧移值增量，图中纵坐标负值表示管线朝向车站结构中心位移。施工过程管线侧移值和管-土竖向分离值如表 4-29 所示，管-土侧向分离值正值表示管线产生的朝向车站结构中心的侧移值小于管周土层的侧移值，负值表示管线产生的朝向车站结构中心的侧移值大于管周土层的侧移值。

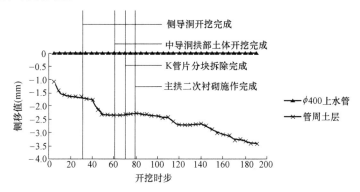

图 4-58　扩挖施工过程中 Φ400 上水管侧移历时曲线

（1）Φ400 上水管侧移

103

Φ400 上水管与车站距离较远、埋深浅，且铸铁管的刚度远大于管周土层的刚度，抵抗开挖产生的土层变形能力强。从表 4-29 可以看出，盾构施工过程引起的管线侧移值为零，出现管-土分离现象，管线产生的朝向车站结构中心的侧移值小于管周土层的侧移值，最大侧向分离值为 1.01mm。从图 4-58 可以看出，扩挖施工过程管线侧移值接近于零；最大管-土侧向分离值为 3.41mm。

（2）Φ2200 雨水管侧移

Φ2200 雨水管位于车站侧上方，埋深浅、管径大，具有一定的抵抗土层变形的能力。从表 4-29 可以看出，盾构隧道开挖过程引起管线产生朝向车站结构中心的侧移，最大侧移值为 0.50mm，开挖过程出现管-土分离现象，管线产生的朝向车站结构中心的侧移值小于管周土层的侧移值，最大侧向分离值为 3.000mm。从图 4-59 可以看出，扩挖施工过程管线最大侧移值增量为 3.79mm，最大侧向分离值为 3.66mm。

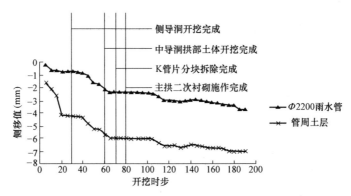

图 4-59　扩挖施工过程中 Φ2200 雨水管侧移历时曲线

（3）Φ1150 污水管侧移

Φ1150 污水管与车站主体结构顶板距离较近，受开挖影响较大。从表 4-29 可以看出，盾构隧道开挖过程引起管线产生朝向车站结构中心的侧移，最大侧移值为 1.20mm，开挖过程出现管-土分离现象，管线产生的朝向车站结构中心的侧移值小于管周土层的侧移值，最大侧向分离值为 3.30mm。从图 4-60 可以看出，扩挖施工过程中最大侧移值增量为 5.65mm；最大侧向分离值为 4.14mm。

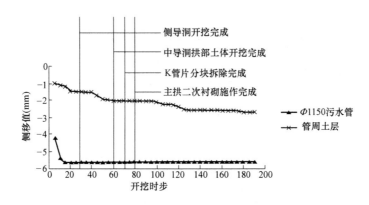

图 4-60　扩挖施工过程中 Φ1150 污水管侧移历时曲线

施工阶段	Φ400 上水管		Φ2200 雨水管		Φ1150 污水管	
	管-土侧向分离值	管线侧移值	管-土侧向分离值	管线侧移值	管-土侧向分离值	管线侧移值
盾构隧道开挖完成	1.01	0	3.00	0.50	−3.30	1.20
侧导洞开挖完成	1.63	0	3.50	1.22	−4.14	6.85
侧导洞回填混凝土	1.76	0	3.47	1.35	−4.11	6.85
中导洞拱部土体开挖完成	2.32	0	3.64	2.87	−3.62	6.82
开挖土体至第二道横撑下	2.36	0	3.63	2.92	−3.58	6.82
K 管片分块拆除完成	2.41	0	3.66	3.15	−3.46	6.81
邻接块拆除完成	2.72	0	3.62	3.48	−3.31	6.81
主拱二次衬砌施作完成	2.72	0	3.60	3.64	−3.03	6.81
开挖土体至第三道横撑下	3.08	0	3.61	3.64	−3.04	6.81
中部标准块拆除完成	3.27	0	3.48	3.8	−3.03	6.81
下部标准块拆除完成	3.33	0	3.60	3.91	−2.94	6.81
底板与侧墙二次衬砌施作完成	3.41	0	3.22	4.29	−2.94	6.81

管线侧移值（mm）　　　　　　　　　　　　表 4-29

4. 管线纵向变形计算结果分析

对于柔性接头的管线而言，在管线与隧道平行的情况下，随着开挖的进行，每个接口都有可能面临不利情况。当管线端部设有约束时，变形稳定后的情况为不均匀沉降段呈折线状，变形量逐渐减小直至均匀沉降段。试验表明，位于同种土质中的管线不均匀沉降段的相邻两节管段之间存在大小相等的相对转角 θ（转动方向可能不一致），如图 4-61 所示，第 i 节管段沉降后接口处绝对转角量为 θ_i，则相邻两节管段之间的转角为：

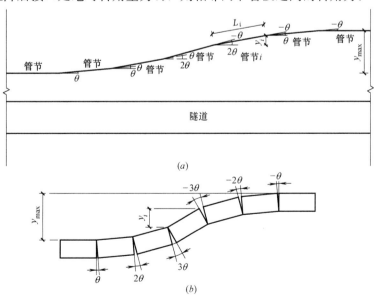

图 4-61　相邻管节转角示意图

（a）管-隧位置关系；（b）管节间转角

$$\theta_{i+1} = \theta_i \pm \theta \tag{4-1}$$

相邻管节间的差异沉降 y_i 为：

$$y_i = L_i \sin\theta_i \tag{4-2}$$

式中　L_i——第 i 节管段的长度。

管线最大沉降 $y_{\max}$ 为：

$$y_{\max} = \sum_{i=1}^{n} L_i \sin\theta_i \tag{4-3}$$

$\Phi400$ 上水管、$\Phi2200$ 雨水管和 $\Phi1150$ 污水管与车站开挖方向平行，管线纵向随开挖过程不断变形，如图 4-62～图 4-64 所示。扩挖施工过程中相应的各条管线纵向最大不均匀沉降差值分别为 0.19mm、1.97mm 和 5.34mm，小于地下管线沉降绝对变化量控制值。

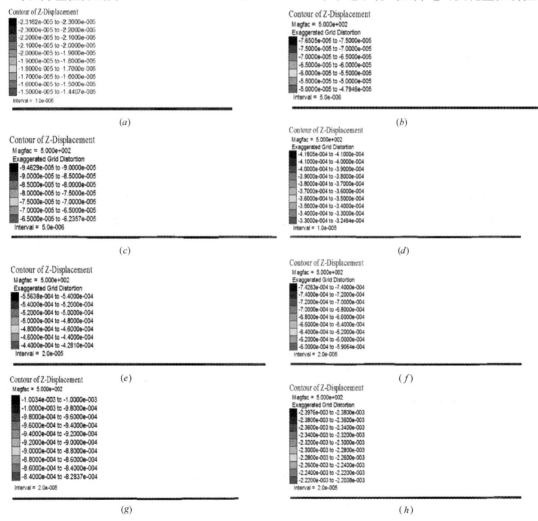

图 4-62　施工过程中 $\Phi400$ 上水管线纵向变形

（a）盾构隧道开挖完成；（b）侧导洞开挖完成；（c）侧导洞回填混凝土；

（d）中导洞拱部土体开挖完成；（e）开挖土体至第二道横撑下；

（f）K 管片分块拆除完成；（g）邻接块拆除完成；（h）主拱二次衬砌施作完成

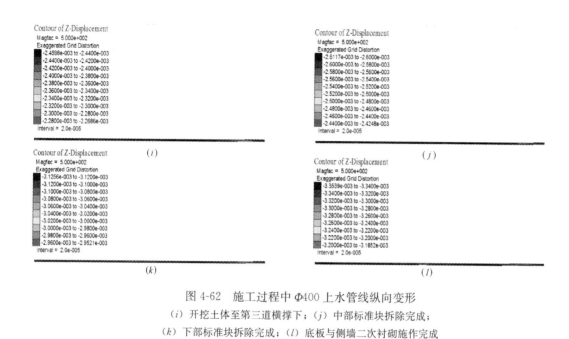

图 4-62　施工过程中 $\varPhi$400 上水管线纵向变形

（i）开挖土体至第三道横撑下；（j）中部标准块拆除完成；

（k）下部标准块拆除完成；（l）底板与侧墙二次衬砌施作完成

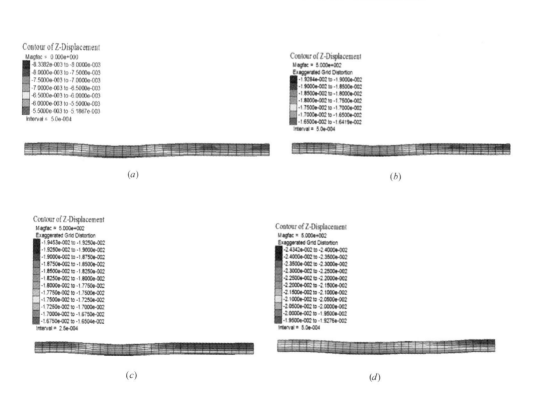

图 4-63　施工过程中 $\varPhi$2200 雨水管线纵向变形

（a）盾构隧道开挖完成；（b）侧导洞开挖完成；

（c）侧导洞回填混凝土；（d）中导洞拱部土体开挖完成

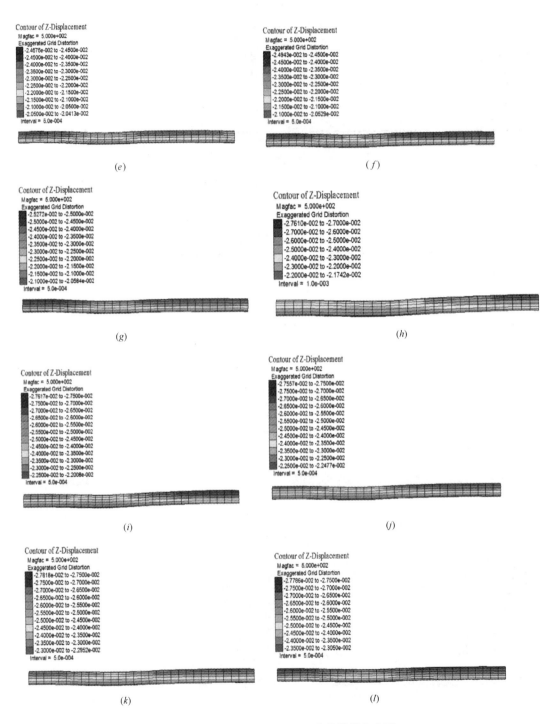

图 4-63　施工过程中 Φ2200 雨水管线纵向变形

（e）开挖土体至第二道横撑下；（f）K 管片分块拆除完成；（g）邻接块拆除完成；

（h）主拱二次衬砌施作完成；（i）开挖土体至第三道横撑下；（j）中部标准块拆

除完成；（k）下部标准块拆除完成；（l）底板与侧墙二次衬砌施作完成

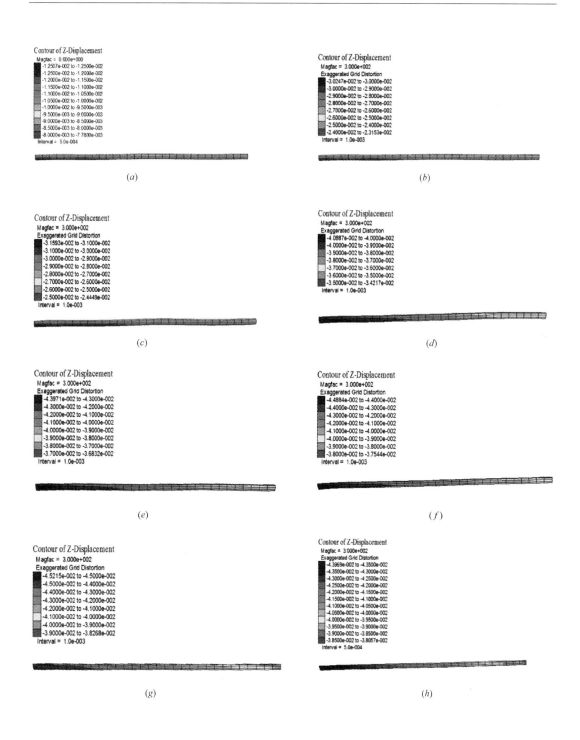

图 4-64　施工过程中 Φ1150 污水管线纵向变形

（a）盾构隧道开挖完成；（b）侧导洞开挖完成；（c）侧导洞回填混凝土；
（d）中导洞拱部土体开挖完成；（e）开挖土体至第二道横撑下；（f）K 管片分块拆除完成；
（g）邻接块拆除完成；（h）主拱二次衬砌施作完成

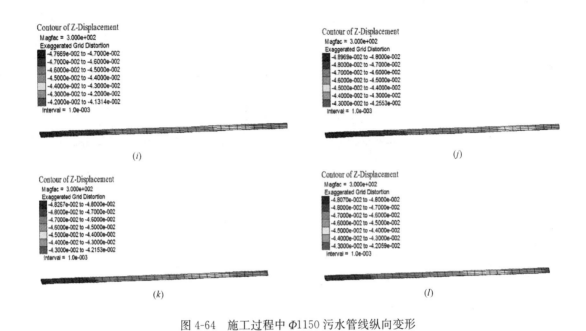

图 4-64　施工过程中 Φ1150 污水管线纵向变形

(i) 开挖土体至第三道横撑下；(j) 中部标准块拆除完成；

(k) 下部标准块拆除完成；(l) 底板与侧墙二次衬砌施作完成

管节间最大差异沉降和接头转角 表 4-30

施工步	Φ400 上水管		Φ2200 雨水管		Φ1150 污水管	
	差异沉降 （mm）	转角 （°）	差异沉降 （mm）	转角 （°）	差异沉降 （mm）	转角 （°）
盾构施工过程	0.01	0.0001	0.49	0.0140	0.31	0.0089
扩挖第 1 步	0.01	0.0001	0.50	0.0143	0.32	0.0092
扩挖第 2 步	0.01	0.0001	0.54	0.0155	0.29	0.0083
扩挖第 3 步	0.02	0.0002	1.04	0.0298	0.24	0.0069
扩挖第 4 步	0.02	0.0002	1.07	0.0307	0.28	0.0080
扩挖第 5 步	0.03	0.0003	1.26	0.0361	0.33	0.0095
扩挖第 6 步	0.03	0.0003	1.37	0.0393	0.21	0.0060
扩挖第 7 步	0.03	0.0003	1.41	0.0404	0.21	0.0060
扩挖第 8 步	0.03	0.0003	1.40	0.0401	0.23	0.0066
扩挖第 9 步	0.03	0.0003	1.50	0.0430	0.22	0.0063
扩挖第 10 步	0.03	0.0003	1.39	0.0398	0.20	0.0057
扩挖第 11 步	0.03	0.0003	1.55	0.0444	0.19	0.0054

表 4-30 为施工过程中各条管线管节间最大差异沉降和接头转角，表中扩挖第 1～11 步与图 4-62～图 4-64 中（b）～（l）相对应。对于柔性接口的管线，相邻管节间容许差异

沉降为$\delta \leqslant L/1000$mm（L 为管节长度，铸铁管 $L=5000$mm，混凝土管 $L=2000$mm），管节差异沉降和接头转角满足要求。

5. 管线应力计算结果分析

管节中纵向弯曲应力对管线的受力起控制作用，小于容许值时管线可以正常使用，否则产生裂缝或断裂。对于铸铁管安全系数取 5，容许拉应力 $[\sigma_t]=37.21$MPa，容许压应力 $[\sigma_c]=127.4$MPa。对于混凝土管，混凝土抗拉强度设计值 $f_t=1.43$MPa，抗压强度设计值为 $f_c=14.3$MPa。根据三级报警机制，当管线计算应力值小于容许应力值的 70% 时，管线处于安全状态；当管线计算应力值为容许应力值的 $70\%\sim85\%$ 时，需要加强监控；当管线计算应力值大于容许应力值的 85% 时，管线处于破坏的边缘，需要严格监控。

表 4-31 为施工过程中各条管线的最大拉、压应力值，可以看出管线计算应力值小于容许值。$\Phi1150$ 污水管在第 8 施工步时，最大拉应力达到 1.22MPa，超出管线抗拉设计强度的 85%，需要严格监控。

施工过程管线应力 表 4-31

施工过程	$\Phi400$ 上水管		$\Phi2200$ 雨水管		$\Phi1150$ 污水管	
	最大拉应力（MPa）	最大压应力（MPa）	最大拉应力（MPa）	最大压应力（MPa）	最大拉应力（MPa）	最大压应力（MPa）
盾构施工过程	0.04	−0.04	0.41	−0.47	0.70	−0.90
扩挖第 1 步	0.04	−0.04	0.42	−0.47	0.74	−0.93
扩挖第 2 步	0.04	−0.04	0.39	−0.48	0.70	−0.86
扩挖第 3 步	0.05	−0.04	0.35	−0.65	1.18	−1.17
扩挖第 4 步	0.05	−0.04	0.38	−0.58	1.04	−1.03
扩挖第 5 步	0.05	−0.05	0.36	−0.57	1.16	−1.16
扩挖第 6 步	0.06	−0.06	0.41	−0.53	1.14	−1.15
扩挖第 7 步	0.06	−0.06	0.28	−0.77	1.21	−1.21
扩挖第 8 步	0.06	−0.06	0.28	−0.76	1.22	−1.22
扩挖第 9 步	0.06	−0.06	0.33	−0.65	1.08	−1.09
扩挖第 10 步	0.07	−0.07	0.36	−0.66	0.66	−0.66
扩挖第 11 步	0.09	−0.08	0.36	−0.61	0.71	−0.71

4.5.5 小结

以北京地铁 14 号线将台站为工程背景，从以下几个方面分析了扩挖车站施工过程对地表与管线的影响：

（1）统计北京市 PBA 法地铁车站沉降规律，得出地表沉降统计值；

（2）采用现场监测与数值分析的方法，将地表变形的控制值分解到每个施工步序中，建立各具体步序的控制标准，通过控制单个步序沉降量达到控制总体沉降的目的；

（3）对车站主体结构扩挖施工过程地表沉降采用三级控制标准，分级分步进行沉降控制；

（4）根据管线与车站的位置关系，划分管线风险等级；

（5）提出相应的风险控制技术措施与风险控制实施过程；

（6）在现场监测管线上方地表沉降的基础上，对管线变形规律进行总结；

（7）为进一步明确扩挖车站施工对管线变形的影响，采用三维非连续接触模型模拟车站施工过程，详细分析管线与土层的相互作用，得出管-土竖向分离值、侧向分离值，管节差异沉降、管线接头转角和管线的应力变化情况。

分析结果显示，车站施工过程中地表与管线受到不同程度的影响，但地表与管线变形均小于监测控制值，表明地表与管线处于安全状态。

第5章 预 注 拱 法

5.1 概　　述

　　预注拱法（预切槽技术）是介于矿山法和盾构法之间的一种方法，与矿山法相比可大大降低地表沉降和对周围建筑结构损坏的风险，并且可保证作业人员的安全和改善工作环境。相对于盾构法，预注拱法也有其优越性，首先是更加经济，这是因为预切槽机械的制造费用比盾构低很多；其次是更加灵活，断面形式不拘泥于圆形，另外，它的开挖断面是开敞式的，便于多变地质情况下的处理。在掌子面不稳定的情况下，可以进行掌子面的加固处理，它可以进行多工作面同时作业，在工期比较紧张的情况下仍然可以满足要求。

　　预注拱法就是一种独特的预支护技术，这一辅助工法和矿山法配合形成了一种新的城市地铁施工方法，可以用于全断面或半断面开挖。采用此法可大大提高施工的机械化水平，同时可有效地控制地表沉降。自从 20 世纪 60 年代末法国工程师们在巴黎地铁的隧道工程中重新使用机械预切槽方法以来，近三四十年来这一新的施工方法已得到很大的发展且日趋成熟，已从最初的用于硬岩施工的方法发展为能适用于软硬不同地层的施工方法，形成了一套独特的施工工艺，开发了专门的施工机械。由于机械预注拱法可以有效地解决隧道施工尤其是城市地区隧道施工所遇到的安全、减震、防噪声、控制地面沉陷等一系列棘手问题，国内外隧道工程界一直以极大的兴趣注视着这一新的施工方法的进展。但遗憾的是，我国至今尚无一个实际采用这种工法的工程实例。目前，我国隧道建设已进入高潮时期，面临的地表环境和地中环境越来越复杂，机械预注拱法施工的优越性将会越来越突出，为了将这种很有潜力的施工方法进行推广，对机械预注拱法和预切槽机械进行研究和开发有着十分重要的意义。

5.2　预注拱法发展历程

5.2.1　预注拱法的发展历史

　　预切槽技术最早出现于美国，1950 年，在美国南达科他州皮克城密苏里河上修建福特·阮道尔水库工程中，曾用机械预切槽法开挖了 12 座直径 10m 的圆形隧道以穿越白垩地层。由于当时技术条件的限制，此法未得到进一步发展，直到 1969 年法国工程师采用该法成功地解决了城市地区硬岩隧道施工的振动问题后，这种方法才重新引起人们的重视，并逐步在硬岩和软岩中摸索出一套完整的使用方法，且在法国、意大利、日本等国家得到了较为广泛的应用。预切槽技术逐渐发展成为一种应用比较广泛的施工工艺。此项技术适用于整体性较好、软弱和中硬的围岩中的隧道工程中，在对周边环境控制严格的城市尤其适用，并且可以安全地全断面开挖大断面隧道，同时可以将地表沉降控制到最小。

表 5-1 是已知的采用机械预切槽法修建的一些地下工程，从表中的不完全统计可以看出，这种方式已先后在美国、法国、日本、意大利、西班牙等国家得到应用。

机械预切槽法修建的一些隧道   表 5-1

编号	国家	工程及所属单位	修建年代	隧道长度（m）	隧道跨度（m）	地质条件	机械预切槽的应用
1	美国	12座隧道,南达科他州皮克城福特·阮道尔水库工程	1950	不详	10.0（圆形）	白垩岩	全断面对廓预切槽
2	法国	罗宾斯掘进机的运转入口隧道,查特赖特-盖尔·里昂连接线,巴黎市全区快速铁路网A线,巴黎独立运输公司	1973	4×15	7.0	卢特田粗石灰岩	坑道顶部
3	法国	卢森堡—查特赖特连接线,巴黎市全区快速铁路网B线,巴黎独立运输公司	1974~1976	700及220	5.7—12.0	卢特田粗石灰岩	坑道顶部
4	法国	丰特内·苏·布瓦—马内拉山谷连接线,巴黎市全区快速铁路网A线,巴黎独立运输公司	1974~1976	558	8.7	阿尔让伊泥灰岩	坑道顶部＋预衬砌
5	法国	卢森堡—查特赖特连接线,巴黎市全区快速铁路网B线,巴黎独立运输公司	1976~1977	80	5.7—6.0	黏土及卡洛夫阶	坑道顶部＋预衬砌
6	法国	10线到波罗内的延伸线,巴黎独立运输公司	1977~1979	1000	7.1	含石英夹层的白垩岩	坑道顶部＋预衬砌
7	法国	查特赖特—盖尔·诺尔连接线,巴黎市全区快速铁路网B线,巴黎独立运输公司	1978~1980	各种入口隧道450及隧道1100	5.7、8.0、9.1	黏土,含石膏的砂石灰岩	坑道顶部＋预衬砌
8	法国	合同段6、7,里尔地铁,里尔城市布局	1980~1982	1700	6.4、6.7、6.9	裂隙及变质白垩	全断面
9	意大利	高速铁路,塔盖尔—塞拉卡撒,意大利国家铁路	1985	3294	12.2	钙质岩、火山岩	全断面＋预衬砌
10	法国	高速铁路,丰特内	1985~1986	474	10.0	泥灰岩＋石膏	坑道顶部＋预衬砌
11	法国	高速铁路,赛奥克斯	1985~1986	227	10.0	泥灰岩	—
12	法国	掘进机入口隧道,英法海峡隧道法国端	1988	260	11.0	黏土	坑道顶部＋预衬砌
13	意大利	高速铁路,希巴里—柯王札,意大利国家铁路	1986~1987	2200	8.0	黏土和砂	全断面＋预衬砌

续表

编号	国家	工程及所属单位	修建年代	隧道长度(m)	隧道跨度(m)	地质条件	机械预切槽的应用
14	意大利	高速铁路,阿雷佐,意大利国家铁路	1988~1991	3494	7.0	黏土	全断面+预衬砌
15	意大利	高速铁路,阿雷佐,意大利国家铁路	1988~1991	4665	10.4	黏土	全断面+预衬砌
16	意大利	高速铁路,巴里,意大利国家铁路	1988~1991	5000	10.40	黏土和砂	全断面+预衬砌
17	法国	合同段3、4、5,图卢兹地铁,图卢兹布	1989~1992	450,附加两个车架	6.8、10.0、4.8	混合冲积土,磨砾层	全断面+预衬砌
18	西班牙	埃尔格罗索隧道,马德里,西班牙国家铁路	1990~1991	470	10.70	砂及含量变化的颗粒物质	全断面+预衬砌
19	日本	神户、广岛等城市的公路隧道	1995年左右	940	不详	花岗岩、黑云岩、闪绿岩	拱部
20	法国	高速铁路,朗格拉日隧道,格来诺堡,法国	1990~1992	2686	12.60	砂质磨砾岩	全断面+预衬砌
21	法国	利梅尔·布来瓦那高速铁路连接段北端,巴黎	1992~1993	1378	9.90	岩溶、石灰岩、泥灰岩	50%全断面,50%导坑+预衬砌
22	法国	巴黎圣·格梅R14高速公路	1992~1993	3420	11.70	泥灰岩层状砾岩	全断面+预衬砌

表5-1所列的隧道中除第13号外,其余隧道的开挖面收敛值均不超过2cm,第13号隧道的预衬砌是在开挖面后100m处才封闭的。这种情况下的收敛值达到4~8cm,此工程的地层是黏土夹杂砂砾,该隧道位于广阔的乡村地区,地表沉降控制并不重要。若在城市地区,可以通过尽早封闭预衬砌及在开挖面前方进行严格的地层加固来降低隧道收敛减小地面沉降。

日本自20世纪80年代初期以来在引进国外技术的同时,开发了适合本国国情的超前支护施工技术,例如LAP法、PATM法、PASS法、New PLS法等(建设省综合技术研究开发项目《有关大深度未固结地层的隧道挖掘技术的研究》)。

New PLS技术是目前最完善的超前支护施工工艺,作为独立的隧道施工方法应用于工程实践。日本建筑机械化协会、间组、大林组等各大建筑公司以及建筑机械制造厂商联合成立了New PLS工法研究会。日本于1981年在新东京国际机场(成田机场)150m² 的隧道中首次采用预切槽技术。

日本道路公团于1991年首次制作了New PLS试验机,在北陆高速公路名立隧道现场进行了实际工程试验,取得了大量的试验数据。试验结果表明:在双车道公路隧道大断面开挖通过未固结地层时,预切槽的方法可以完全实现预期的目的,验证了该工艺高度的工程可行性。其后 New PLS 被应用于横滨新道的 3 车道隧道扩改工程（1995～1997）和横须贺道路吉井隧道（1998～2000）等一系列工程。近年来日本用预切槽法在坚硬岩体中开挖隧道的工艺得到了发展。此施工程序是在坑道周边或直接在开挖面施作卸载槽缝，从而削弱岩体，使其易用爆破法或非爆破法开挖基岩。

20 世纪 90 年代，铁道科学研究院铁道建筑研究所根据当时我国隧道工程的情况，提出以土质和软岩隧道为对象的预切槽机及其施工工艺的研究方案，在铁道部的支持下展开了工作，取得了阶段性成果：完成了预切槽机链锯式工作头的设计和试制，为预切槽机和混凝土预支护的设计提供了部分依据。但由于种种原因，研究工作没有得到继续。目前在国内没有应用成果。

5.2.2　预注拱法在我国的发展前景

随着我国经济的持续发展和综合国力的不断增强，高新技术不断发展，为满足我国国民经济发展、西部大开发战略、开边通海战略的迫切需要，我国隧道建设已进入快速发展时期。

截至 2009 年底，仅铁路隧道一项，在建的有 5000km，正在规划的也有 5000km。为了减少城市用地、缓解城市地面交通压力，近些年已开始修建下穿城市的铁路隧道，武广客运专线浏阳河铁路隧道是国内首条地下穿城铁路隧道，全长 10.115km，同时穿越城市建筑密集区、河流底部和高速公路，已于 2008 年 12 月 17 日修建完工。目前连接北京站和北京西站的铁路隧道，连接天津站和天津西站的铁路隧道，以及石太客运专线下穿石家庄段的铁路隧道都均已建成通车，修建城市地下铁路隧道已成为一种趋势，在将来会有更多的城市修建地下铁路隧道。

各个城市的地铁建设也正在蓬勃兴起，2009 年 12 月，国务院又批复了 22 个城市的地铁建设规划，总投资达 8820.03 亿元。至 2016 年我国新建轨道交通线路 89 条，总建设里程为 2500km，越来越多的城市将会修建地铁。

鉴于目前我国正处于隧道与地铁建设快速发展时期，并且预切槽工法在复杂地质条件下特别是松散地层中较其他工法在控制地表沉降方面具有明显优势，而在硬岩地段，在降低爆破噪声方面有着明显的优势，且具有较高的灵活性，在必要时用预切槽方法施工的隧道可以灵活地改变施工方法，与其他工法综合使用，适用于地质情况多变的隧道的修建。所以该工法在我国有着广阔的应用前景。

我国对于预切槽工法的研究尚处于初级阶段，首先要研制切割成槽及钻孔成槽的预切槽机。此外还要着眼于其作用机理的研究，弄清硬岩中的预切槽和软岩中的预衬砌在动力和静力方面的力学机制，寻找合理的切槽形式（宽度、深度、倾角等）以及预衬砌材料等与振动速度、噪声水平、地面沉降等的关系，同时对预切槽法的具体施工工艺、施工组织管理进行研究，以使得这种方法的适用范围进一步扩大，而且能更好地适应城市地区修建地铁的环境要求。

为了促使该工法在国内的大量推广和应用，有必要对以下几方面进行进一步研究：

（1）对于预切槽工法来说关键在于预切槽机，因此要在预切槽模型试验机的基础上进一步研制成槽机械，为工程实际应用奠定基础；

（2）对预切槽法的具体施工工艺、施工组织管理进行研究，以使得这种方法的适用范

围进一步扩大,更好地适应城市地区修建地铁的环境要求;

(3)目前采用的确定结构设计荷载的方法不适用于预注拱的设计,需对预注拱的设计荷载进行进一步研究。

5.3 预注拱法基本原理及适用条件

软土隧道施工中一个最明显的现象是地层"减压",大量的工程实例表明,开挖引起的围岩应力重分布在掌子面前方一段非常有限的区域内已经产生,开挖引起的围岩位移一般在掌子面前方 1~1.5 倍洞径处开始出现,在掌子面产生的位移占总位移的 1/4~1/3,甚至更多,并且在掌子面前后这种位移的增加是最剧烈的,因而危险区域也主要在掌子面前后这一段,在浅埋城市隧道中,要求将施工引起的地表沉降及隧道顶部位移限制在较小范围内。这种伴随着开挖而产生的"减压"现象无疑是不利的,因而人们设想在隧道掘进之前,在掌子面前方的地层中预先构筑支护或衬砌层,然后在预支护保护下进行开挖作业,这就是预支护的概念,用于软土的机械预切槽法即是预支护的一种。

机械预切槽法的基本原理是沿修建拱圈拱腹的理论断面切割一条有限厚度的沟槽,同时向沟槽内喷射混凝土,以构成连续的超前预注拱,减少开挖过程中的"减压",减小地表及拱顶沉降,保证掌子面的稳定。这种方法的适用范围可从坚硬岩层到松软岩层。

5.3.1 预切槽机基本组成

双线铁路隧道典型的预切槽机械包括:

(1)一个类似于大型链锯的预切槽刀具,表面呈锯齿状。图 5-1 为双链刀盘。

图 5-1 双链刀盘

(2)一个导轨和一个小齿轮,导轨做成隧道外轮廓形状。

（3）龙门架。它用于确保导轨的结构强度和稳定性。

（4）两个独立的走行机构，每侧设一个，主要用于支持龙门架。走行机构的设计根据工程项目的需要而变化。

为了满足施工的灵活性，两边的走行机构是可以沿隧道纵断面移动的。具体形式是整个预切槽机分步向前和向后移动。走行机构可以直接安装在轨道上面，这样的移动是连续的。一般的走行机构是由一个箱形梁组成，安装在液压调节支架上面。龙门架底座反扣在走行机构的横梁上面，可以沿着横梁移动。另外一种方式是龙门架直接通过操作台安置在隧道底板上面，走行机构的横梁相对于龙门架移动。图 5-2 为一般走行结构。

图 5-2 一般走行机构

为了适应不同的隧道断面和地层的需要，预切槽机设置有调节和定位系统。在走行机构上设有一个龙门架的定位装置，使得刀头可以沿着特定的路线进行切割作业。由于走行机构和龙门架下设有足够的净空，可以保证凿岩台车和出渣车顺利通过。图 5-3 为预切槽机横断面示意图。

从龙门架上伸出一悬臂钢拱，上面设置了两根钢制导轨，驱动切割机的小齿轮和导轨上的齿轨啮合，引导切割机沿着导轨工作。整个预切槽机中，切割头是特制的，可以通过制作不同的切割头适应不同半径的隧道断面。一般的切割头是由一个驱动电机、一个齿轮和一个安装在支撑和导向装置上的链锯组成。

5.3.2 预注拱法工艺过程及特点

1. 预切槽工艺概要

预切槽法是近年来在国外得到迅速发展的一项适用于复杂地质条件的独特的预支护隧道施工技术。其工艺概要包括：

（1）在工作面开挖前，用特制的链式机械切刀沿断面周边连续切割出一条厚约数十厘米，深数米的窄槽。为使预注拱有一定的厚度，软岩中的切槽厚度一般比硬岩中大，常用的切槽厚度为 15～40cm，切槽深度为 3～5m 左右，在困难土体中应减少深度，每段切槽

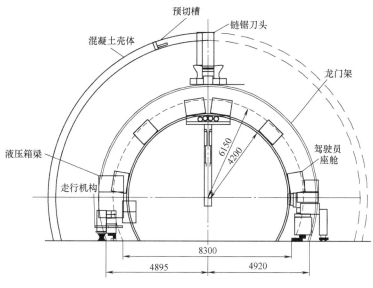

图 5-3　预切槽机横断面示意图

沿隧道的轮廓线成喇叭状，以便两段预注拱之间有一定的搭接长度，搭接长度通常为 1m 左右。

（2）在切槽的同时应用切刀一体化的混凝土灌注设备注入混凝土，形成一个连续的、起预先支护作用的混凝土拱壳（见图 5-4）。一般情况下在预切槽内灌注混凝土 3～4h 后就可开挖，此时混凝土强度应达到 6～10MPa，必要时，还需要加设锚杆和拱架对预注拱进行加固，然后在其支护下进行工作面的全断面机械挖掘。用于软土的预切槽法施工顺序如图 5-5 所示。预切槽法施工示意图如图 5-6 所示。

图 5-4　混凝土拱壳

2. 预切槽工法的特点

日本的 T. Hara 等人用三维有限元方法对机械预切槽法在软土中的施工过程进行了模拟，为了比较，也对同样条件下用新奥法施工进行了模拟（图 5-7 为数值模拟中新奥法与预衬砌法的预支护结构的比较）。分析结果表明，预切槽后灌注的预衬砌，使得地面沉降在工作面前方 $0.6D$（D 为洞径）处就得到了抑制，抑制率达到 30%～35%，而对拱顶位

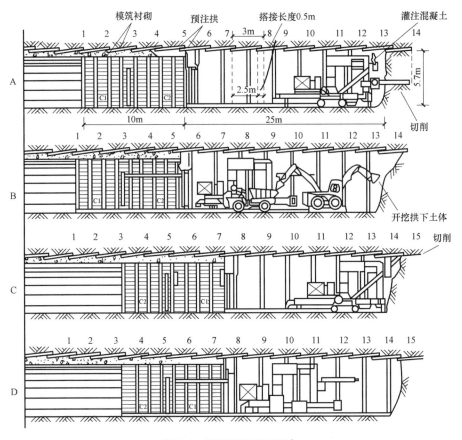

图 5-5 预切槽法施工顺序

图 5-6 预切槽法施工示意图

移的抑制率可达 40%（这在图 5-8 中可得到体现），显然，预衬砌的存在有效地抑制了工作面前方的地层位移。

由以上分析可知，预切槽法对地面沉降的控制效果很好。从目前的发展状况来看，机械预切槽法已被越来越大胆地用于非黏性土中，在这种情况下，切槽深度一般可减少到 2～3m，分段长度也减少，最小可达 0.4m，并且要尽快填入预衬砌材料以及封闭预衬砌

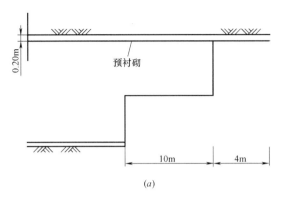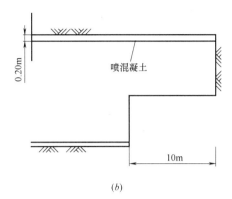

(a) (b)

图 5-7　数值模拟中新奥法与预衬砌法的预支护结构的比较

(a) 预衬砌法；(b) 新奥法

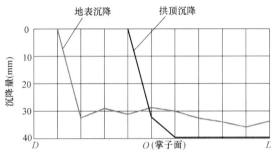

图 5-8　纵向地表及拱顶各点沉降曲线

环。预衬砌环之间的搭接长度一般相应增加，并且往往每环都加设钢拱支护等。在预切槽之前进行地层加固处理也是必须的，如排水、注浆等。与传统的地层加固相比，预切槽的注浆量非常少，因为只需在隧道周边注浆。图 5-9 是预切槽法的注浆示意图，当切刀穿过注浆土体切槽后，将下一个循环的注浆管插入预切槽内并伸入前方土体中，然后注浆。

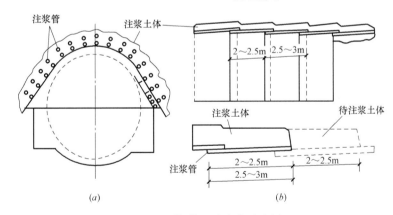

(a) (b)

图 5-9　预切槽工法注浆示意图

(a) 横断面；(b) 纵断面

　　另外一个需要注意的问题是预切槽的全断面开挖与分部开挖在功效上的明显差别。当采用全断面开挖时，由于预衬砌形成的拱圈能够在掌子面开挖后尽快闭合（采用喷混凝土），改善拱圈受力情况，因而地层的变形要比采用分部开挖小得多。图 5-10 是法国里尔地铁的两段隧道分别用预切槽法全断面开挖和分部开挖的地表下沉情况。从图中可以看出，采用分部开挖段地表最大沉降量为 3～4mm，而采用全断面开挖段地表沉降量不到

1mm，这说明尽快封闭仰拱可以使地表沉降量减小 2～3 倍。

总结起来，此项技术基于预切槽施工原理和支护拱壳的力学合理性，适用于未固结和软岩等多种地层的铁路、高速公路等大断面隧道的施工，是介于矿山法和盾构法之间的新的施工方法，具有以下特点：

（1）预切槽法的施工过程非常简单，可分为构筑预支护拱壳和工作面开挖两大步骤。由于采用了标准高效的大型机械开挖和出渣作业，可大幅度提高施工效率。

（2）可有效控制覆盖层沉降，即使在覆盖层很薄或者湿陷性地层也可以安全地全断面开挖大断面隧道，大幅度降低地表沉降和塌陷的风险，可保障人员安全和保护施工环境。

（3）相对于盾构法，预切槽法具有经济、灵活的特点。预切槽机体积小巧，进退自如，亦可进行小曲线和多工作面同时作业。设备造价约为盾构机的 1/3～1/4，且构造简单，便于国产化。

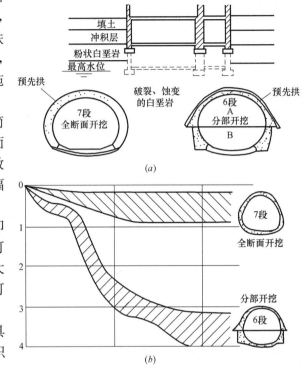

图 5-10　全断面开挖与分部开挖的最大地表沉降量比较
（a）开挖方法；（b）地表沉降（mm）

（4）与矿山法相比，预切槽法机械化施工程度高、施工安全、工程质量高，尤其在特殊地质或地表沉降控制严格的条件下，可以达到预期的围岩稳定效果。

（5）适合于特殊地质条件下的隧道施工，特别适合各种老黄土、湿陷性黄土、少水砂层及中硬介质等地层的隧道工程。

（6）采用预切槽机械施工，减少了隧道的超挖及欠挖现象，从根本上消除了轮廓偏差，施工质量易于控制。

（7）由于避免了锚杆支护作业，预切槽法也适合安全通道、管线涵等小断面隧道的施工。

（8）预切槽法施工为单纯的重复性工艺过程，可以大幅度缩短工期、降低造价。

（9）预切槽法施工比较灵活，适用于地质条件变化较大的施工地段，并且可根据地质情况的变化，与新奥法等方法结合使用。

3. 预切槽技术的几个重要指标

以下的指标是根据日本的试验数据，基于日本式的施工管理模式和作息制度得出的，仅作为参考。其指标可以通过技术革新等措施加以改善。

（1）切刀的切割能力

在实际工程实践中，遇到抗压强度大于 100kgf/cm² （10MPa）的地层时施工没有遇到问题。切刀具有切割强度 $100kgf/cm^2$（10MPa）以上的切槽混凝土拱壳的能力。但考虑到切刀的磨耗，建议应用于抗压强度小于 $100kgf/cm^2$（10MPa）的地层。

（2）施工进度

施工能力保持在平均日进尺 5m 以上，月进尺 100m 以上（工作时间按 7h/d，每周工作 5d 计算），比 NATM（新奥法）施工速度快。实际施工时，日进度可以完成 3 个切槽（一个切槽平均进深为 2～3m）。

（3）在不均匀地层的施工能力

在含有碎石、砾石的地层可以施工，要求碎石等粒径不宜大于切槽（拱壳）厚度。切槽厚度因隧道断面积的不同而不同，一般的场合拱壳的平均厚度为 300～400 mm。

（4）处理地下水的能力

实际施工时，曾遭遇到 100L/min 的地下涌水，没有影响到混凝土的灌注施工和混凝土拱壳的质量。

（5）预切槽法的施工成本

由于劳动力、材料等成本不同，中国与日本的工程成本不好直接进行单纯比较，还需要进行详细的分析比较。单纯就预切槽机械来看，其价格大致是盾构机的 1/4～1/3。预切槽机根据订单生产，没有公开的价格。考虑到预切槽法施工的流程比盾构要简单得多，所以综合施工成本要便宜很多。

4. 预切槽工法的监控量测项目

一般而言，用预切槽工法建造的隧道所需监测的项目如表 5-2 所示。后文将会在预切槽工法与新奥法的比较中通过具体实例说明监测的具体内容。此外，运用预切槽工法开挖隧道时，应根据隧道自身的情况和监测目的确定具体的监测项目，没有必要对所有的监测项目都进行量测。

预切槽工法的主要监测项目　　　　　　　　　　　　　　　表 5-2

	主要量测项目	数量	使用仪器
洞内量测	1. 拱顶沉降及墙脚沉降 2. 净空变位 3. 地中变位 4. 锚杆轴力 5. 混凝土应力	1. 3 点/每段面 2. 6 测线/每段面 3. 8 点×5 个/每段面 4. 4 点×5 个/每段面 5. 2 点×5 个/每段面	1. 水准仪 2. 收敛计 3. 小型伸长仪 4. 机械式轴力测定锚头 5. 混凝土应变计
洞外量测	1. 地表沉降 2. 地中变位	1. 5 点 2. 水平 38m（38 测点） 3. 垂直 30m×2 个（100 测点）	1. 水准仪 2. 管式应变仪

5.3.3　预注拱法与其他方法的比较

1. 与盾构法相比

（1）盾构法在开挖时首先要将切口插入开挖面，然后再挖切口环下方的土体；而机械预切槽法是在开挖面前方的土体中修建超前的预注拱，并待其硬化到一定程度时才开挖土体。

（2）盾构机的切口环及壳体与周围土体间有很大的摩擦力，盾构推进时对周围土体有一定的扰动，而机械预切槽法仅在切槽时对周围土体有所扰动，扰动相对较小。超前预注拱实际上是一水平方向的地下连续墙，它作为土体中的结构物，开挖后又是永久支护的一部分。

（3）盾构法施工时盾尾推进后进行注浆。由于注浆不够及时和充填效果不好，会被盾构严重扰动的土体很快填充，因而形成较大的土体移动。而机械预切槽法则紧跟切割臂后面立即喷混凝土，缩短了扰动较轻的土体的应力释放时间。此外，切槽时还有大约0.5m长的前一段预注拱提供的超前保护，这就减少了土体的移动。

（4）盾构法和预切槽法开挖隧道的模拟试验结果表明：预切槽法引起的最大地表沉陷约为盾构法的0.3～0.4倍，沉陷槽的横向范围约为盾构法的0.7～0.8倍。

（5）在地质条件变化较大的地层中，机械预切槽法施工比较灵活，可根据地质条件的变化与新奥法等施工方法结合使用。而盾构法则不具有这样的灵活性。

2. 与管棚法相比

（1）管棚法的支护机理及施工过程

管棚支护的主要机理如下：

1）梁拱效应：管棚因前端嵌入围岩内、后端与砂浆锚杆出露端相焊接而形成纵向支撑梁；环向与钢拱架联为拱形承重结构，通过注浆充分加固围岩。二者构成环绕隧洞轮廓的厚筒状结构，可有效抑制围岩松动和垮塌。

2）环槽效应：因沿隧道轮廓钻环形密集孔槽，故掌子面爆破产生的爆破冲击波传播和爆生气体扩展遇环形槽被反射、吸收或绕射，大大降低了反向拉伸波所造成的围岩破坏程度及扰动范围。据我国声波测试表明：普通钻爆法往往在隧道周边形成厚度为0.6～1.0m的松动区。但是，如果管棚布置恰到好处，炮孔装药结构合理，就可使爆破接近于非爆破法的开挖影响。

3）强化岩体效应：用注浆泵通过花管注入的浆液经壁孔挤入围岩裂隙或缝隙中加固围岩，从而提高岩体的弹性模量和强度。

4）确保施工安全：管棚超前支护，其后紧跟永久支护，施工人员作业场所比较安全。

管棚法的主要施工流程如图5-11所示。

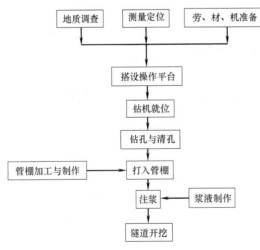

图5-11 管棚法施工流程图

（2）预切槽工法与管棚法的比较

1）相同点

两种方法都是适用于软土地区的超前预支护方法，都能起到稳定掌子面、防止坍塌、减小变形、保证施工安全的作用。

2）不同点

① 管棚法需消耗大量的钢材，与预切槽工法相比不太经济；

② 预切槽工法所形成的超前预支护结构比管棚法所形成的预支护结构连续性好；

③ 管棚法比预切槽工法更适用于隧道塌方段的施工；

④ 预切槽工法超前预注拱的长度仅为 3～5m，而超前管棚长度最长可达 40m 多。

3. 与新奥法相比

新奥法的基本概念是极大地发挥围岩的自承能力，开挖后过一段时间才设置支护，在软土中，为了控制地层变形，可以及早喷注混凝土，而机械预切槽法是在开挖之前即先进行预支护。比较法国巴黎的两个工程实例：一个是采用新奥法施工的格里尼铁路隧道，另一个是采用预切槽法施工的丰特内·苏·布瓦地铁隧道，前者洞跨 8.74m，后者洞跨 10.4m，两座隧道都埋于相同的阿尔让伊泥灰岩中，现场量测结果表明，新奥法开挖引起的最大地表沉降量约为 50mm，而预切槽法引起的最大地表沉降量不到 15mm，仅为前者的 30%，而且洞跨要比前者的洞跨大 20%，如图 5-12 所示。

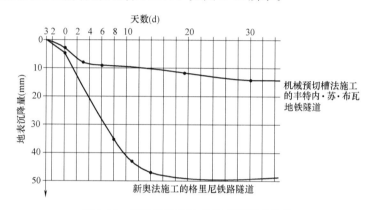

图 5-12 两种施工方法的地表沉降量比较

另外，日本于 1991 年在北陆高速公路（前期）名立隧道米原段洞口附近 20m 地段进行了 New PLS 法施工试验，这次试验的主要目的是通过与新奥法的比较，探讨在覆盖层薄且为未固结的地层中开挖隧道时控制地面沉陷及开挖面稳定的有效方法。

（1）净空量测结果

图 5-13 为 New PLS 法及新奥法的净空变位量测结果。

从图 5-13 可以看出，两种方法的净空变位最大值均比较小，在 2mm 左右。但净空变位的收敛时间却不相同：新奥法上半断面开挖后 7d（已掘进 20m 后）仍有变位，收敛缓慢，而 New PLS 法开挖 4d（掘进 4～5m）就已经收敛了。

（2）拱顶及边墙沉降量测结果

图 5-14 为 New PLS 法及新奥法施工时拱顶及边墙沉降量测量结果。

对于拱顶沉降，在开挖断面推进 20m 后，New PLS 法沉降量为 3mm，新奥法沉降量为 4mm。对于边墙沉降，新奥法几乎没有沉降，New PLS 法沉降量为 2mm，原因是切槽混凝土轴力大，产生刚体沉降。

（3）地表沉降及最大剪切应变

New PLS 法试验段覆盖层厚度为 17～30m，完全看不到地表沉降，两种方法的最大剪切应变分布如图 5-15 所示。

同新奥法相比，预切槽法在控制地表沉降及隧道变形方面具有明显的优越性。

（4）锚杆轴力量测结果

图 5-16 为在开挖面掘进 10m 后 New PLS 法及新奥法施工时锚杆轴力量测结果。锚

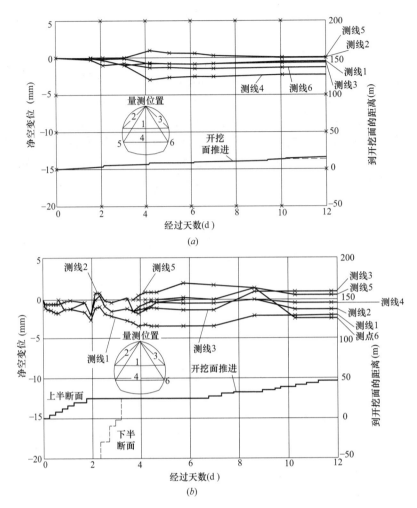

图 5-13　两种方法的净空变位比较

（a）New PLS 法；（b）新奥法

杆轴力最大值，New PLS 法约为 1.2t，新奥法约为 2.3t（比 New PLS 法约大 1 倍）。

假定轴力分布图中最大值连线的内侧为松弛带，则新奥法的松弛带为 1.0～3.5m，New PLS 法的松弛带为 0.5～1.5m，可见预切槽混凝土能抑制围岩松弛。

（5）支护构件的轴力量测结果

图 5-17 为切槽混凝土与新奥法喷射混凝土的轴力量测结果（按深度 1m 换算），此处轴力为弯曲应力下降后混凝土内外侧量测应力的平均值，拱顶以外为左右两侧量测值的平均值。可见新奥法喷射混凝土轴力最大值在拱顶附近，为 45t；而 New PLS 法切槽混凝土在拱顶及拱脚（起拱线 45°处）轴力最大，约为 200t（比新奥法约大 4.5 倍）。新奥法用的钢拱支撑最大轴力在拱脚处，为 7t。

4. 与掘进机相比

多数掘进机只能开挖圆形断面，而预切槽机可根据地质条件及隧道使用要求开挖不同形式的断面，预切槽机还有一个突出的优点——使用的灵活性。大型掘进机在掘进中一旦出现故障，整个掘进就会停顿，处理起来往往花费很多时间，而轻便灵活的预切槽机在出

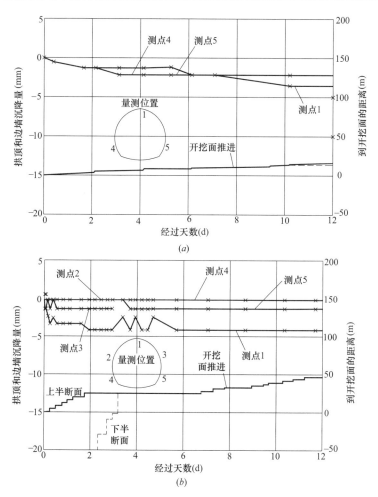

图 5-14　两种方法的拱顶及边墙沉降量比较

（a）New PLS 法；（b）新奥法

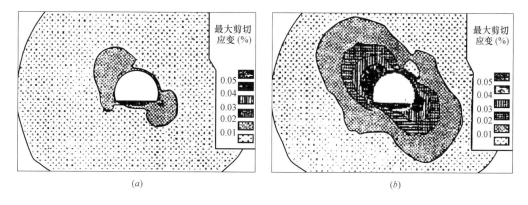

图 5-15　两种方法的最大剪切应变分布

（a）New PLS 法；（b）新奥法

现故障时可很快撤离工作面。如果隧道长度小于 2000m 或 3000m，考虑到机械管理时间，使用两台预切槽机开挖设置预衬砌比用一台掘进机要快。对于更长的隧道，掘进机也只有

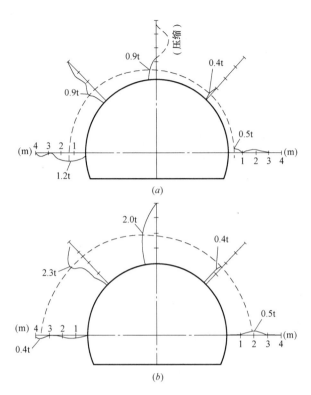

图 5-16　两种方法的锚杆轴力比较

(*a*) New PLS 法；(*b*) 新奥法

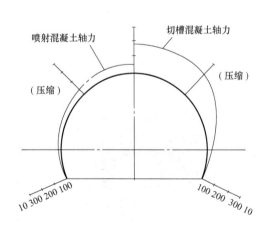

图 5-17　混凝土轴力量测结果

在能同时进行两个以上导坑的推进时才具有时间上的优势。实际上，对于多个导坑的情况，机械预切槽法灵活性更大，在一个导坑处耽搁的时间可以通过加快另一个导坑的推进速率来弥补，从而使整个操作过程更可靠。同样，在必要时用预切槽法施工的隧道可以灵活地改变施工方法，这对于多变地质条件的隧道是非常重要的，而大型掘进机在这方面的适应性较差。同一台预切槽机，只要改变拱架的尺寸，就可以适应同一隧道中改变断面形状的需要和在不同的隧道中的使用，这也是大型隧道掘进机难以做到的。由于造价高（对于洞跨大于 8m 的隧道，使用预切槽机的费用是使用掘进机的 10%），大型隧道掘进机在隧道长度较短时不宜采用，而预切槽机却不存在这种限制，因此它可以提高短隧道的施工机械化水平。另外，从环境的角度看，在硬岩中使用机械预切槽法和掘进机都可降低噪声，减轻对地面的振动，但在软岩隧道施工中，机械预切槽法在控制地表沉降方面具有明显的优势，因而对于大多数城市隧道工程，预切槽机比掘进机更具竞争性。

5. 与水平旋喷桩法相比

（1）水平旋喷桩的支护机理及施工流程

水平旋喷桩预支护，是在洞内开挖面的前方，沿隧道开挖轮廓，利用水平旋喷机按间距40cm、长 13 m 钻孔，当钻至设计长度后，高压泵开始输送高压浆液，同时钻头一边旋转一边后退，并使浆液从钻头处直径 215mm 左右的喷嘴中高速射出，射流切割下的砂体与喷出的浆液在射流的搅拌作用下混合，最后凝固成直径大于 60cm 的旋喷柱体，相邻柱体之间环向相互咬合，在开挖面前方形成整体性较好的旋喷拱。如此所形成的固结体强度比原状砂层有极大程度的提高，又由于高压射流对固结体周围砂体的挤压和渗透作用，固结体周围砂层的物理力学性能也有显著改善。预支护在开挖前就已深入到开挖扰动范围以外，所以开挖后预支护就会立即发挥作用，可抑制围岩的大部分位移，承受大部分地层压力，从而保持砂体地层在隧道开挖后的稳定，防止漏砂及砂体坍塌，为开挖提供安全可靠的保障。

图 5-18 为水平旋喷桩施工工艺流程图。

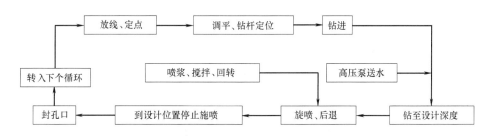

图 5-18　水平旋喷桩施工工艺流程图

（2）预切槽工法与水平旋喷桩法的比较

1）相同点

两种方法都是超前预支护的一种方法，都能起到稳定掌子面、减小变形的作用。

2）不同点

① 水平旋喷桩一般用于饱和粉细砂层，止水效果较好。预切槽工法的适用范围从坚硬岩层到松软岩层；

② 水平旋喷桩预支护结构没有预切槽预支护结构的连续性好。

5.3.4　预注拱法适用条件

1. 隧道开挖断面的限制

由于标准切头的半径不得小于 2m，而且机器门架下必须有足够的空间以容许其他施工机械通过，这就使得预切槽机适用的开挖断面受到限制。例如法国第三代预切槽机只能适用于开挖断面大于 70m² 的情况。

2. 地质条件的限制

地表覆盖层的厚度最好大于 1 倍洞径，尽管在覆盖层更浅的情况下用此法修建的隧道也很成功。适合采用机械预切槽法的土质是：

（1）砂土和粉砂、黏土质砂、砂黏土和粉砂状黏土；

（2）塑性到硬质黏土；

（3）泥灰岩。

若要在地下水位以下用此法开挖隧道，则隧道周围土层的渗透系数 K 必须小于 10^{-5}m/s。目前的切槽工艺使得预切槽机只能用于无侧限抗压强度不超过 70MPa 的情况（法国情况）。

3. 隧道长度

对于同样直径的隧道用预切槽机比用 TBM 的费用低一些，就断面面积为 80m^2 的隧道而言，其费用比值为 1：10。

预切槽机的推进速度较慢，也就是说，每月推进 $60\sim80\text{m}$。在开始一阶段之后，盾构机就可以达到 $300\sim500\text{m}$ 的进尺。然而，与盾构机（断面为 $70\sim75\text{m}^2$）$12\sim18$ 个月的交付时间相比，预切槽机仅需约 6 个月。如果把开始阶段计算在内，对于长约 2000m 的隧道，用一台盾构机来掘进可能就把用两台预切槽机来掘进交付提前的时间抵消，但是如果把费用和总的交付提前时间两个标准结合起来考虑则可以看出：预切槽机确实有竞争力的方面是在 4000m 以下的大断面隧道中，对此，还有可能通过增加工作面的数量从技术上加以改进。

从目前的情况来看，机械预切槽法肯定更多地被推荐用在市区隧道工程中，然而预切槽机械用来穿过大型山岭隧道时，毫无疑问该方法目前具有较大的缺点，关键是预切槽机的推进速度慢，特别是在硬岩地层中更是如此。

5.4　预注拱法三维仿真力学模型试验

5.4.1　模型试验方案设计和实施

1. 模型试验的意义和要点

隧道及地下工程领域的研究方法通常有理论分析、实际测定及模型试验。完善的理论分析应对所研究的现象列出反映一般特征的微分方程，并加以积分得出参数常量方程式，然后利用单值条件，求出特解。但对影响因素多、物理过程复杂的围岩压力现象，却难以列出关系方程，即使经过假定简化，也经常由于太复杂而不易求解。因此，实际测定是研究围岩压力规律的主要方法，但也常因所需人力物力较多、受到客观条件的限制及较多因素的影响，不易取得系统的内部规律。模型试验可人为地控制和改变试验条件，从而可确定单因素或多因素对围岩、隧道结构影响的规律，试验效应清楚直观、试验周期短、见效快。因而模型试验方法是解决隧道工程问题的一种重要手段，特别是重大隧道工程，这种方法常常应用于工程前期的可行性研究工作中。

国外一些国家对相似模型试验方法在生产、科研中的应用十分重视。苏联、德国、澳大利亚、波兰等国在围岩压力现象的研究中大量采用相似材料模拟方法，对发展此法起了很大作用，并对此法的可行性给予了充分的肯定。这些国家不仅有规模很大的试验、测试设备，先进的平面应变、立体模型试验台；也有为检验某种科研设想而设计见效快的简易小型试验台。尽管各国在模型试验的具体做法上存在水平和工艺方面的差异，但这种室内研究方法能在性质上反映一定地质状况下围岩压力规律是不容置疑的。

模型试验方法在隧道与地下工程中得到了广泛应用，因为采用该法常常可以抓住事物的主要因素，避开次要复杂因素，研究出条件相对复杂的地下工程的主要规律。模型试验研究方法的主要优点有：

（1）作为一种研究手段，可以严格控制试验对象的主要参数不受外界条件或自然条件的限制；

（2）典型性好，突出主要因素，略去次要因素，便于改变因素和进行重复试验，有利于验证或校核新的理论；

（3）经济性好，与实际测定或原型试验相比省钱、省时；

（4）对于某些正在设计的结构，可用模型试验来比较设计方案和校核方案的合理性；

（5）对于难以建立数学模型的工程问题，模型试验是研究问题规律的最重要手段。

模型试验是按一定的几何、物理关系，用模型代替原型进行测试研究，并将研究结果应用于原型的试验方法。它是建立在相似理论基础上的试验方法，具有一定的适用条件和范围。同时具有以下缺点：

（1）试验周期长、工作量大、费工多；

（2）一些细节因素难以模拟；

（3）模型与原型难以完全相似；

（4）由于模型的刚度、尺寸一般比原型小，因此对测试环境、量测手段要求较高。另外，模型试验的结果有一定的误差，造成误差的因素主要包括：模型材料特性、制造精度、加载技术、量测手段以及试验结果的整理等。

相似模型试验的成功主要取决于以下条件：

（1）能抓住问题的本质，有明确的科研思路及试验目的，能避开次要因素、随机因素对研究对象的影响，突出其主要矛盾。

（2）试验要以相似理论为依据，尤其是在研究过程中起决定作用的参数要充分反映在相似准则中，尽可能满足边界、起始等单值条件。

（3）要有相应的设备作基础，包括试验台及测试仪器等装置。设备应大、中、小相结合，重要工程项目的模拟通常要用设备完善、测试精密的大型试验台来完成；而对于定性、机理方面规律性的探讨，则可在设备较为简单和投资较少的中、小型试验台上反复进行。

（4）要有严格的、科学的工作态度。模型制作工艺规格化，测试记录认真，减小误差，使试验成果具有更高的可信度。即使受某些干扰因素影响而产生系统性误差，也应采取措施消除、减轻以至加以改正。

2. 模型试验的研究目的和研究内容

模型试验的主要目的在于探索采用预切槽技术修建隧道的施工力学规律，主要从以下几个方面进行深入研究：

（1）在预切槽开挖灌浆过程中以及预注拱结构形成后全断面开挖土体过程中，上部土体位移及洞周土压力的变化规律；

（2）全断面开挖下部土体后预注拱的应力变化规律；

（3）后一循环的预切槽开挖注浆及全断面开挖过程中，前一循环预注拱结构的应力变化规律。

3. 模型试验相似准则的确定

（1）相似三定理

相似定理是模型试验的理论基础，任何模型都必须按照模型和原型相关联的一组相似要求来进行设计、加载和进行数据整理。具体地说，描述模型和原型的所有物理量必须成比例，所有物理量在空间中相对应的各点及在时间上相对应的各瞬间，各自互成一定的比例关系。相似定理最重要的有下列三个：

1）第一定理（相似正定理）

相似的现象，其单值条件相似，其相似准则的数值相同。

第一定理告诉我们，一组相似现象的特征由哪些量来决定，因而在试验时就要测量这些量。

2）第二定理（Π定理）

某一现象其单值条件已知，表示过程的量之间的关系都可以用准则方程来表示。准则是无因次的，其准则数目为单值条件个数与基本量个数之差。

第二定理告诉我们，描述现象的方程可以转换成准则方程，以及如何求得准则的个数及如何去整理试验结果。

3）第三定理（相似逆定理）

当现象的单值条件相似且由单值条件所组成的相似准则的数值相等时，则现象就是相似的。

第三定理告诉我们，两个现象相似的必要和充分条件。

（2）相似准则推导

推导相似准则是模型试验相似比尺设计的关键，可以利用定律分析法、方程分析法或量纲分析法推导出相似准则。

1）定律分析法

这种方法要求人们对研究的现象充分运用全部物理定律，并能辨别其主次，从而可获得数量足够的、反映现象实质的两项。这种方法的缺点是：

① 流于就事论事，看不出现象的变化过程和内在联系；

② 无法运用于未能全部掌握其机理的、较为复杂的物理现象。

2）方程分析法

方程分析法的理论依据是相似第一定理，对相似系统的数学方程进行相似变换确定相似准则。方程分析法的优缺点是：

① 结构严密，能反映现象最本质的物理定律，因此结果可靠；

② 分析程序明晰，分析步骤易于检查；

③ 各种成分的地位一览无余，有利于推断、比较和校验；

④ 不足之处是，对现象机理认识较浅，写不出研究现象的方程时，该方法没法使用。

3）量纲分析法

对于十分复杂的问题，难以建立适当的数学模型，则采用量纲分析法推导无量纲数。量纲分析法是以相似第二定理为理论基础的分析方法，该法一般可分为指数法和矩阵法。使用该法的前提是必须对研究的问题做深入细致的分析，以确定哪些物理量参与了所研究的现象，知道参与变化的物理量的性质。该分析法有以下缺点：

① 不能考虑现象的单值条件（相当于微分方程的特解条件），因此往往难以构成现象相似的充分条件，这种情况的直接后果是可能漏掉或误选某些重要的参数；

② 很难区分量纲相同而物理意义不同的物理量（如应力与弹性模量），从而无法显示现象的内部结构和各物理量所占的地位。

以上三种方法中方程分析法和量纲分析法应用较广，其中又以量纲分析法应用最广。两者相比，凡是能用方程分析法的地方，必定能用量纲分析法，而能用量纲分析法的地方，未必都能用方程分析法。

（3）模型试验相似准则的确定

1）基本参数相似准则

在模型试验中，隧道围岩和结构受力体系主要考虑的物理量有应力、材料的弹性模量、材料密度、几何尺寸、泊松比、应变，分析得到函数方程式：

$$f(\sigma, E, \gamma, l, \mu, \varepsilon) = 0 \tag{5-1}$$

用量纲分析法推导模型相似律如下：

① 选择千克（M）、米（L）、秒（T）为基本量纲。

② 用基本量纲表示各物理量量纲：$\sigma(ML^{-1}T^{-2})$、$E(ML^{-1}T^{-2})$、$\gamma(ML^{-2}T^{-2})$、$l(L)$、$\mu(1)$、$\varepsilon(1)$（括号内为"量纲"）。

③ 根据方程式因次矩阵和 π 定理，可得所求的相似准则有两个：

$$\pi_1 = \frac{\sigma}{\gamma l}; \pi_2 = \frac{E}{\gamma l} \tag{5-2}$$

所求的相似指标为：

$$\alpha_\sigma = \alpha_\gamma \alpha_l; \alpha_\sigma = \alpha_E; \alpha_\mu = 1; \alpha_\varepsilon = 1 \tag{5-3}$$

2）衬砌结构相似准则

就衬砌结构来说，对安全起控制作用的是抗弯能力和弯曲应变，因此模型相似应以抗弯刚度为主。隧道衬砌结构是一个弹性圆柱壳体结构，既承受弯曲应力，又承受轴力。弯曲变形和轴向变形的控制方程不相同，两者适用的相似准则也不同。弯曲变形和轴向变形情况下，模型试验的相似准则如下：

① 弯曲变形相似准则将衬砌壳体视为薄板结构。设板的厚度为 h，x 和 y 为横截面内两个互相垂直方向的坐标。在横向均布力 q 的作用下，薄板挠曲 ω 满足以下控制方程：

$$\frac{\partial^4 \omega}{\partial^4 x} + 2\frac{\partial^2 \omega}{\partial^2 x}\frac{\partial^2 \omega}{\partial^2 y} + \frac{\partial^4 \omega}{\partial^4 y} = \frac{q}{K} \tag{5-4}$$

$$K = \frac{Eh^3}{12(1-\mu^2)} \tag{5-5}$$

式中　K——板的弯曲刚度；

　　　　E——弹性模量；

　　　　μ——泊松。

设模型的缩尺比例（模型比尺）$C_1 = l/n$。模型和原型都需满足公式（5-4），经推导可以得到以下相似准则：

$$h_m = \frac{h_p}{n}\left[\frac{E_P(1-\mu_m^2)}{E_m(1-\mu_p^2)}\right]^{1/3} \tag{5-6}$$

② 轴向变形相似准则对于轴向承受均布力 F 的情况，控制方程为：

$$\Delta = \frac{FL}{EA} \tag{5-7}$$

式中 Δ——轴向变形量；

　　A——轴向截面积。

推导得到相似准则为：

$$\alpha_h = \frac{1}{n}\frac{E_p}{E_m} \tag{5-8}$$

当模型与原型材料一致时，两种受力条件的相似准则同时得到满足。当模型材料与原型材料不同时，两种相似准则不能同时满足，因此按两种准则计算的模型厚度不一样。预注拱作为隧道结构，弯曲变形是其安全的主要控制模式，应以弯曲变形的相似准则确定预注拱的厚度，这样弯曲变形与原型是相似的。

4. 试验模拟范围及模型尺寸设计

（1）相似条件设计

考虑到开挖模拟的可操作性及相似物理量之间的换算关系的简化，确定模型的几何比尺为 $1:10$。用下标 p 代表原型，下标 m 代表模型，α 代表相似比尺，L 为长度，γ 为密度，σ 为应力，u 为位移，ε 为应变，ν 为泊松比，φ 为内摩擦角，E 为弹性模量，C 为黏聚力，R_c 为抗压强度，R_t 为抗拉强度。根据相似准则公式（5-2）、公式（5-3），各种相关物理量的设计相似比尺如下：

1）几何比尺：

$$\alpha_L = L_p / L_m = 10$$

2）密度比尺：

$$\alpha_\gamma = \gamma_p / \gamma_m = 1$$

3）应力比尺：

$$\alpha_\sigma = \sigma_p / \sigma_m = \alpha_L \times \alpha_\sigma = 10$$

4）位移的量纲与几何尺度相同，相似比尺也相同，即：

$$\alpha_u = u_p / u_m = 10$$

5）无量纲的物理量如应变、泊松比、内摩擦角的相似比尺均为 1。即：

$$\alpha_\varepsilon = \varepsilon_p / \varepsilon_m = 1$$
$$\alpha_\mu = \mu_p / \mu_m = 1$$
$$\alpha_\varphi = \varphi_p / \varphi_m = 1$$

6）与应力有相同量纲的物理量均有与应力相同的相似比尺，即材料的弹性模量、抗压强度、抗拉强度、黏聚力。

$$\alpha_E = \alpha_{R_c} = \alpha_{R_t} = \alpha_C = 10$$

（2）模拟范围及模型尺寸设计

模型范围设计的原则是，地下洞室开挖所产生的附加应力场对模型岩体边界原始应力场的影响应小于 $3\% \sim 5\%$。反过来说即试验边界约束效应必须尽可能减小，以便使洞室开挖所引起的洞周变形和应力调整更接近于真实情况。

本试验的原型断面选用图 5-19 所示的隧道断面。考虑到边界条件的影响，隧道外侧距离模型边界应满足 3 倍洞径的要求，即每侧需要 $4m \times 3 = 12m$。这样模型范围在垂直洞轴的水平方向应该达到 8m＋12m×2＝32m。在垂直方向上，隧洞下部地层考虑 1 倍隧道高度，隧洞上部按 8m 埋深考虑，即模型总高度为 2×6m＋8m＝20m。根据 1：10 的设计几何比尺，模型在横断面上的尺寸应取为 3.2m×2m。结合试验台实际情况，模型最终尺寸定为 2.6m×2m×1m（$L×H×W$）。图 5-20 为模型试验台架，图 5-21 为模型几何尺寸设计。

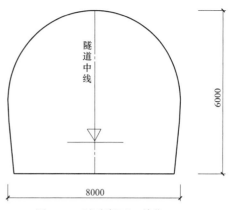

图 5-19　试验断面（单位：mm）

5. 模型材料的配比试验

（1）北京地铁结构的环境地层

北京地区表层从 0～80m 范围基本为第四纪冲洪积地层，既有表层的松散回填土层，又有黏土层、粉土层、各种粒径的砂层、砾石层、卵石层等各层交替组合形成的地层。综合分析北京地铁结构所处的地层情况，可以归纳为以下几种主要地层：

图 5-20　模型试验台架

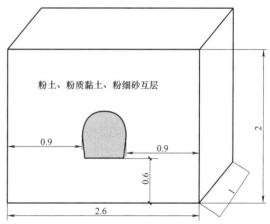

图 5-21　模型几何尺寸设计（m）

1）人工堆积层：以杂填土为主，一般埋深 3m 左右；

2）第四纪全新世冲洪积层：以粉质黏土、粉土及细中砂为主；粉质黏土、粉土为褐黄色，软塑状，中压缩性—中高压缩性，层底埋深一般为 9m 左右；

3）第四纪全新世冲洪积层：粉细砂为褐黄色，中密—密实，湿，低压缩性，连续分布、透镜状分布，含少量砾石，层底埋深一般为 13m 左右；

4）第四纪晚更新世冲洪积层：以卵石圆砾为主，杂色—褐黄色，密实，湿—饱和，亚圆形，最大粒径 150mm，一般粒径 20～50mm，细中砂充填。

根据以上的环境地层分析，选取试验用北京地质剖面图并经简化后，得到表 5-3 所示的土层分布及性质。

（2）模型试验的模拟地层及材料选择

根据以上对北京地层特征的分析，粉质黏土、粉土、粉细砂互层是北京地铁隧道通过的主要地层，对整个试验的影响很大，因此在试验中主要模拟该地层。黏土中黏粒组含量大于 60％，粉质黏土中黏粒组含量在 30％～60％之间，粉土中黏粒组含量在 10％～30％

北京地区的典型土层分布及性质　　　　　　　　　　　表 5-3

地层名称	密度(g/cm³)	厚度(m)	E_s(MPa)	μ	C(kPa)	φ(°)
杂填土	1.65	2.5	8.0	0.35	5.0	25
粉土填土	1.95	2.5	9.8	0.35	10.0	24
粉质黏土	1.90	11.0	15.0	0.45	41.6	17
粉细砂	2.00	3.1	19.0	0.27	0.1	25
卵石圆砾	2.10	9.7	70.0	0.18	0.1	40

之间,因此粉质黏土及粉土可近似用黏土来模拟。粉细砂属于细碎屑土,拟用粉土进行模拟,粉粒组粒径为 0.05~0.005mm,实际上是砂粒组和黏粒组的过渡粒组,其性质与砂粒组相似;从粒径的相似比来看,用粉土模拟粉细砂是合适的。实际工程中,这几种地层相互交错,具有一定的随机性。在试验中准确模拟该互层的意义不大,而将这几种地层统一模拟成一种等效材料是一种比较合理的选择。

由于本层材料的重要性,要求各方面的相似关系都尽量满足。依据模型相似条件设计,该范围地层的应力量纲为原状地层的 1/10。因此为降低模拟材料的压缩模量和内聚力,必须减少黏粒组含量并降低模型材料的密实度,而这与保持密度与原状地层一致是矛盾的。为解决这一问题,采取在材料中添加无黏性高密度的四氧化三铁粉,作为增加密度和减少压缩模量及内聚力的手段。这种方法在其他相关试验已经证明是有效的。因此本试验中采用了地铁工地挖出的黏土作为胶凝材料,过 2mm 粒径筛的天然河砂、磁铁矿精矿粉和水构成了制作模型的主要材料。

(3) 主体材料配比试验

1) 基本材料的相对密度和含水率

用来制作地铁隧道穿过的主要地层粉质黏土、粉土、粉细砂互层的等效模拟材料的主要成分包括铁矿粉、细砂、黏土,通过相对密度和含水率试验,测得各自的基本参数见表 5-4。

三种基本材料参数　　　　　　　　　　　表 5-4

基本材料	相对密度	天然含水率
铁矿粉	3.546	0.68%
细砂	2.687	5.93%
黏土	2.688	21.77%

2) 各试验模型材料配比

根据各基本材料的参数和密度比尺近似为 1.0 的条件,确定了如下 4 种配比方案,见表 5-5。

基本材料 4 种配比方案　　　　　　　　　　　表 5-5

配比类型	基本材料配比 P			相对密度 G_s
	铁矿粉	细砂	黏土	
A	10%	70%	20%	2.82
B	20%	70%	10%	2.75
C	30%	35%	35%	2.90
D	25%	50%	25%	2.86

模型材料相对密度计算公式：

$$G_S = \cfrac{1}{\cfrac{P_{铁矿粉}}{G_{S铁矿粉}} + \cfrac{P_{细砂}}{G_{S细砂}} + \cfrac{P_{黏土}}{G_{S黏土}}} \tag{5-9}$$

3）试验模型材料含水率

含水率对材料性质有较大影响，根据各基本材料的参数，在确定了以上4种配比方案的基础上，每种配比又选择了5种含水率，如表5-6所示。

5种含水率方案　　　　　　　　　　　表5-6

含水率编号	Ⅰ	Ⅱ	Ⅲ	Ⅳ	Ⅴ
含水率	4%	6%	8%	10%	12%

基本材料的配比和含水率是影响模型材料物理力学性质的两个主要因素，为方便记录比较，编号为"CⅢ"的材料即表示该模型材料的基本材料配比为C型，含水率为Ⅲ型。

4）直剪试验

试验采用的直剪仪剪切面积为30cm²，直剪应力环的系数为5.2N/0.01mm；试件厚20mm，单层击实成形。图5-22为直剪试验过程，试验结果如表5-7、表5-8所示，内摩擦角和黏聚力随含水率的变化曲线如图5-23、图5-24所示。

(a)

(b)

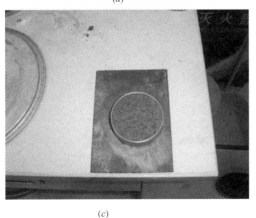
(c)

(d)

图5-22　直剪试验过程
(a) 试样配料；(b) 试样制作；(c) 制作好的试样；(d) 直剪试验

直剪试验的内摩擦角统计数据（°） 表 5-7

含水率编号	基本材料配比类型			
	A	B	C	D
I	35.45	32.56	39.84	38.20
II	30.02	30.50	37.14	32.59
III	25.03	28.17	30.42	28.90
IV	26.67	26.34	28.08	27.23
V	24.45	26.69	27.02	28.22

直剪试验的黏聚力统计数据（kPa） 表 5-8

含水率编号	基本材料配比类型			
	A	B	C	D
I	30.42	28.94	38.71	37.25
II	24.30	22.51	32.10	28.51
III	15.93	18.33	29.66	20.54
IV	13.25	11.82	19.55	17.91
V	4.51	14.05	5.33	5.69

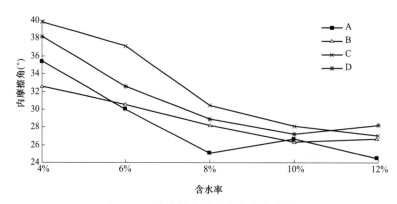

图 5-23　内摩擦角随含水率变化曲线

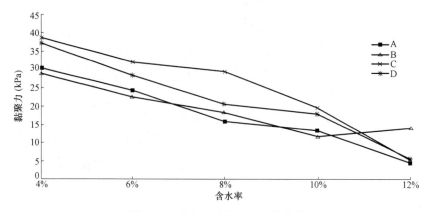

图 5-24　黏聚力随含水率变化曲线

从以上图表可以看出：

① 同样的材料配比，内摩擦角和黏聚力受含水率影响显著，且二者随含水率增大而减小；

② 含水率相同时，黏土含量越高，则黏聚力和内摩擦角越大。

根据相似理论的要求，再结合各个配比下的黏聚力、内摩擦角数据以及表 5-3 中粉质黏土、粉土和粉细砂的相关数据，可知在相似比 1 : 10 的情况下，AV、CV、DV 这三种配比材料比较符合要求。下面通过快速固结试验，测定这三种配比材料的侧限压缩模量，进一步确定我们所需要的配比类型。

5）快速固结试验

选取 AV、CV、DV 这三种配比材料做了三组快速固结试验，各试验数据如表 5-9 所示。

压缩模量试验结果（MPa）　　　　　　　　　　　　　　　表 5-9

配比类型 ＼ 试件编号	①	②	③	平均值
AV	2.47	2.26	2.71	2.48
CV	3.05	4.27	3.18	3.50
DV	3.22	6.60	2.65	4.16

6）模型材料配比建议

根据模型材料要求，依据现有试验数据，推荐材料配制见表 5-10。

推荐材料配比　　　　　　　　　　　　　　　表 5-10

配比类型	基本材料配比			含水率
	铁矿粉	细砂	黏土	
AV	10%	70%	20%	12%

原状土和已确定模型材料的参数对比如表 5-11 所示。

原状土和模型材料的各参数对比　　　　　　　　　　　　表 5-11

材料	含水率	$\gamma(\text{kg}/\text{m}^3)$	$C(\text{kPa})$	$\varphi(°)$	$E_s(\text{MPa})$
原状土	21.8%	1930	41.60	22.0	15.00
模型材料	12.0%	1930	4.51	24.5	2.48

由表 5-11 可知，已确定的模型材料基本满足了模型比尺（1 : 10）的要求。

（4）预注拱材料试验

原型预注拱的混凝土标号选为 C30。试验中选用水泥砂浆作为预注拱模拟材料，单轴抗压强度和弹性模量的期望值均为原型预注拱的 1/10。根据经验公式采用了三种配比，三种配比的砂灰比是相同的，均为 6.5 : 1，而水灰比分别为 1 : 1.1、1 : 1.0、1 : 0.8。试验中采用 10cm × 10cm × 10cm 的正方形试模进行单轴抗压强度试验（见图 5-25），每种配比 3 个试件，共 9 个试件，采用 10cm × 10cm × 30cm 的立方体试模进行弹性模量试验（见图 5-26），每种配比 3 个试件，共 9 个试件。试验成果见表 5-12。

图 5-25　试件的抗压强度试验

图 5-26　试件的弹性模量试验

水泥砂浆试验成果汇总　　　　　　　　　　　　表 5-12

配比类型	砂灰比	水灰比	弹性模量(GPa)	抗压强度(MPa)
Ⅰ	6.5∶1	1∶1.1	10.6	6.73
Ⅰ	6.5∶1	1∶1.1	11.3	6.77
Ⅰ	6.5∶1	1∶1.1	11.7	6.94
Ⅱ	6.5∶1	1∶1.0	8.5	6.12
Ⅱ	6.5∶1	1∶1.0	8.2	5.88
Ⅱ	6.5∶1	1∶1.0	8.7	6.34
Ⅲ	6.5∶1	1∶0.8	7.4	5.46
Ⅲ	6.5∶1	1∶0.8	6.8	5.40
Ⅲ	6.5∶1	1∶0.8	6.9	5.79

6. 模型试验量测项目、方法和量测系统的布置

本次试验模拟了两个循环的预切槽工法施工，每一环预注拱的厚度为 3cm，长度为 30cm，两环预注拱之间的搭接长度为 5cm，试验中共进行了三个方面的量测：隧道上部土体内部竖向位移、隧道周围土压力、预注拱环向应变。以下将详细介绍试验中量测系统的布置和各项目的监测系统。

（1）土体内部竖向位移量测

对于土体内部竖向位移的量测，试验中在模型土体内部共布置了 6 个测点（C1～C6），每个预注拱中间断面各有 3 个测点，3 个测点的埋深分别为 30cm、50cm、70cm。具体布置见图 5-27、图 5-28。

土体内部竖向位移采用 JTM-J7000 系列机测多点位移计进行监测，该系统的位移测量精度可达 0.01mm，能较好地满足试验的要求。其工作原理如图 5-29 所示。

（2）隧道周围土压力及预注拱环向应变量测

对于开挖过程中土压力及预注拱环向应变的量测，在模型中均布置了 10 个测点，土压力测点编号为 T1～T10，环向应变测点编号为 Y1～Y10，在两环预注拱纵向中间的两个断面上，每一个断面布置了 5 个土压力盒和 5 个应变片，具体布置见图 5-30～图 5-32。

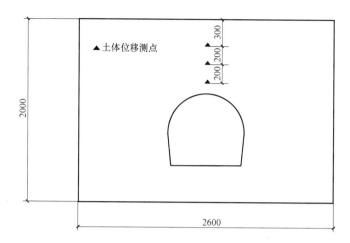

图 5-27　多点位移计测点的横断面布置图

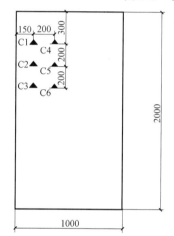

图 5-28　多点位移计测点的剖面布置图

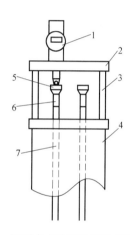

图 5-29　机测多点位移计工作原理示意图

1—数字百分表；2—机测平台；3—支杆；4—外筒（主体）；

5—机测螺帽；6—不锈钢加长杆；7—不锈钢传递杆

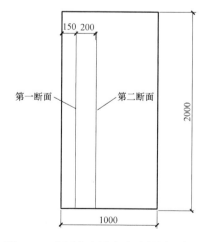

图 5-30　土压力盒及应变片的剖面布置图

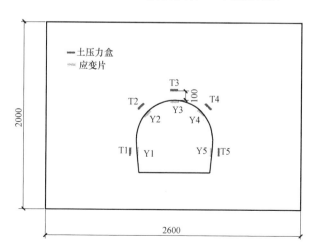

图 5-31　第一断面上的土压力盒及应变片布置图

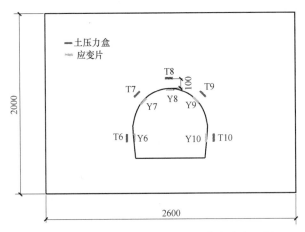

图 5-32　第二断面上的土压力盒及应变片布置图

试验中采用 XA90-BZ2205C 程控式静态应变仪对洞周土压力和预注拱的应变进行监测，该仪器采用低噪声、低漂移放大器，单片机进行运算和控制，因而使仪器具有稳定性好、测量精度高、体积小、质量轻、便于测试等优点。图 5-33～图 5-36 为监测系统。

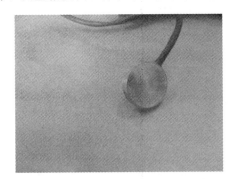

图 5-33　土压力盒

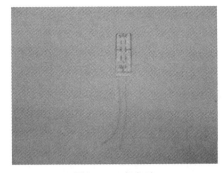

图 5-34　应变片

图 5-35　XA90-BZ2205C 程控式静态应变仪

图 5-36　静态应变仪数据采集系统

7. 整体模型的制作

在前面模型试验设计等准备工作的基础上，就可以进行模型的制作了。考虑到模型土体比较均匀，没有垂直构造面，因此采用密度控制法进行模型的制作。模型的总制作方量为 5.2m³，总重约 10.24t。总体步骤如下：

（1）筛细黏土。因为从工地运来的黏土颗粒较大，因此将黏土碾压筛细以便于更好地和细砂、铁矿粉混合均匀。

（2）根据前述材料试验得到的主体材料推荐配比，将筛细的黏土、细砂、铁矿粉按照比例混合均匀。

（3）土体填筑。在试验台模型箱内填筑粉质黏土、粉土、粉细砂互层等效材料，要求干密度 γ=1930kg。考虑到模型填筑过程中，下层土不断地被压实，填筑完成后下层土的密度会大于上层土。因此借鉴以前试验结果所得到的压实曲线进行模型土体的填筑，尽量确保隧道通过的主要地层的干密度是一致的。

具体填筑步骤如下：

1）填筑 0～0.5m 高度范围内土体。该范围内没有任何埋件，因此施工相对简单，土体填筑时分两次填筑，每次约填筑 1.28t，虚方填高约 30cm，夯实到 25cm。

2）填筑 0.5～1.7m 高度范围内土体。土压力盒、多点位移计测点埋设都集中在这一层，因此控制要求比较高，是模型制作的关键层，这一层土体的填筑过程基本按照 15cm 一层进行，分 8 次进行填筑，每次填筑 0.77t，在填筑过程中于指定位置埋设土压力盒和多点位移计测点。

3）填筑 1.7～2m 高度范围内土体，分两次填筑夯实。

4）模型制作完成后，补充水分至土层含水率 12％左右，使土体固结。

5）固结过程中，连接所有内置传感器引出线和测读仪电缆，记录各种量测仪器的初始读数。并做好各种记录表格和其他准备工作。

为了更直观地描述模型的制作过程，图 5-37～图 5-42 给出了模型制作的大致过程。

图 5-37　将黏土筛细

图 5-38　将铁矿粉、黏土、细砂混合均匀

图 5-39　土体填筑

图 5-40　土体整平夯实

图 5-41　多点位移计测点埋设

图 5-42　土压力盒引线

为了保证开挖前模型状态的稳定，模型制作结束后到开始试验，静止了 57d。为防止模型材料干燥变硬，在此期间，每 5d 在模型表面喷水一次。同时使用百分表监测模型内部土体竖向位移。测试表明，一般 15～20d 后模型内部土体竖向位移测点达到稳定，不再有明显的变化，所以 60d 后开始试验，模型状态的稳定是有保证的。

8. 预切槽工法施工过程模拟

（1）施工过程预试验

本试验拟采用手工切槽灌浆的方式进行施工过程的模拟，为了明确手工切槽灌浆的可行性，在试验前期做了预切槽工法施工过程的预试验。图 5-43～图 5-46 较好地展现了预试验的过程。

图 5-43　切槽过程

图 5-44　开挖好的预切槽

试验过程中发现砂浆的流动性比较差，使用漏斗和塑料软管向槽内灌注砂浆比较困难，且灌注的密实性难以保证，所以预试验中同时做了两个模型，一个采用之前确定好配比的砂浆进行试验，另一个采用水泥浆进行试验。表 5-13 给出了不同水灰比下的水泥浆相关参数，考虑到试验时水泥浆应该具有一定的流动性以便于灌注并保证灌注的密实性，预试验时选用水灰比为 0.6：1 的水泥浆进行灌注。图 5-47、图 5-48 分别为灌注水泥浆和砂浆的成拱效果，可以看出水泥浆的成拱效果比较好，所以试验时拟采用水灰比为 0.6：1 的水泥浆作为预注拱的模拟材料。

图 5-45　开挖预切槽下部土体前

图 5-46　开挖预切槽下部土体

图 5-47　水泥浆的成拱效果

图 5-48　砂浆的成拱效果

水泥浆参数　　　　　　　　　　　　　　　　表 5-13

水灰比	黏度 /(MPa·s)	抗压强度（MPa）		弹性模量（GPa）	
		7d	28d	7d	28d
0.5∶1	580	18.6	30.2	24.6	29.9
0.6∶1	320	11.8	21.9	19.5	26.4
0.8∶1	125	10.9	19.1	18.6	24.9
1.0∶1	60	10.8	19.1	18.5	24.9

根据衬砌结构相似准则公式（5-6），预注拱的厚度为：

$$h_{\mathrm{m}} = \frac{h_{\mathrm{p}}}{n} \left[\frac{E_{\mathrm{P}}}{E_{\mathrm{m}}} \frac{(1-\mu_{\mathrm{m}}^2)}{(1-\mu_{\mathrm{p}}^2)} \right]^{1/3}$$

式中原型预注拱厚度 $h_{\mathrm{p}} = 30\mathrm{cm}$，养护 7d $E_{\mathrm{P}} = 26\mathrm{GPa}$、$\mu_{\mathrm{p}} = 0.2$，模型预注拱材料养护 7d $E_{\mathrm{m}} = 19.5\mathrm{GPa}$、$\mu_{\mathrm{m}} = 0.25$，最终确定 $h_{\mathrm{m}} = 3.16\mathrm{cm}$，可近似取为 3cm。

（2）施工过程的模拟

2011 年 3 月 18 日对第一循环的预切槽进行开挖支护，3 月 22 日开挖第一环预注拱下面的土体，3 月 24 日对第二循环的预切槽进行开挖支护，3 月 26 日开挖第二环预注拱下面的土体。图 5-49～图 5-67 展现了试验的过程。

图 5-49　开挖第一环预切槽前

图 5-50　开挖第一环预切槽

图 5-51　分段开挖用泡沫板作临时支护

图 5-52　用百分表监测土体竖向位移

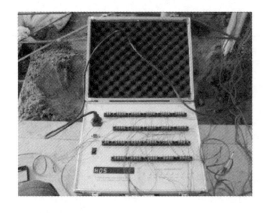

图 5-53　用应变电阻仪监测土压力

图 5-54　开挖第一环预注拱下面的土体前

图 5-55 开挖第一环预注拱下面的土体

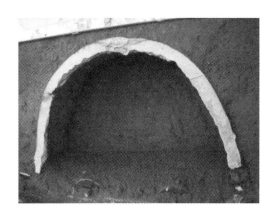

图 5-56 第一环下面的土体开挖完毕

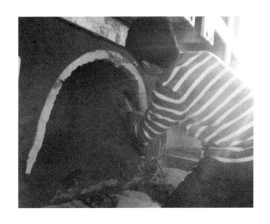

图 5-57 打磨预注拱内壁以便贴应变片

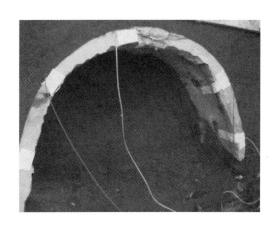

图 5-58 第一环预注拱应变片粘贴完毕

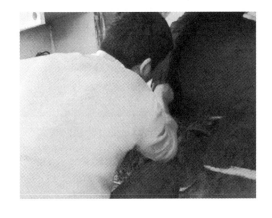

图 5-59 开挖第二环预切槽

图 5-60 搅匀水泥浆准备灌浆

图 5-61　开挖第二环预切槽时土体竖向位移监测

图 5-62　开挖第二环预切槽时土压力监测

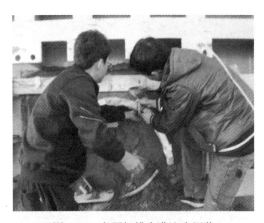

图 5-63　向预切槽内灌注水泥浆

图 5-64　开挖第二环预注拱下面的土体

图 5-65　焊接应变片

图 5-66　第二环预注拱应变片粘贴完毕

9. 小结

借助 1∶10 大比尺模型试验的手段，对预切槽工法的施工过程进行了详细的试验方案的设计和实施，比较真实地再现了预切槽工法的施工过程。为试验结果的获取和分析奠定了基础，主要的工作和成果如下：

（1）确定了模型试验的研究内容，结合实际的试验条件，综合考虑各种因素后确定模型试验的长度比尺为 1：10，最终的模型尺寸确定为 2.6m×2m×1m（$L×H×W$）。

（2）在对北京地层进行总结分析的基础上，确定了本次模型试验的原状地层参数。按照密度比尺 1：1，根据相似比尺的设计原理和大量的土工试验结果，并结合试验的实际条件，确定了模型土体和预注拱支护的材料选择和材料的配比参数。

（3）依据模型试验的研究目的和内容，进行了详细的量测方案的设计和布

图 5-67 预注拱示意图

置。主要包括洞周土压力、隧道上方土体竖向位移、预注拱应变的施工全过程的量测。

（4）进行了认真的模型制作，并对预切槽工法的施工过程进行了详细的模拟。

5.4.2 模型试验结果及工法对比

1. 概述

对于一种新型的隧道施工技术，最完美的研究思路是数值模拟、模型试验和现场试验三种方法的结合。由于目前尚没有合适的地点进行预切槽工法施工的工程实践，因此本节在模型试验的基础上进一步进行数值模拟研究，对预切槽工法修建隧道的施工过程进行三维数值模拟研究，选取预注拱内力、隧道周围土体的变位及土压力等关键指标，进行数值模拟结果和模型试验结果的对比分析，并对预切槽工法和普通工法进行对比分析，明确了各指标在预切槽工法施工过程中的一般性变化规律及预切槽工法的特点。

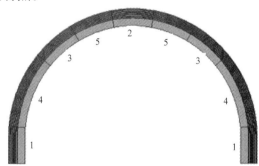

图 5-68 预切槽土体开挖顺序示意图

2. 试验数值模型的说明与计算假定

（1）模型说明

为了便于与模型试验结果进行比较，数值模拟的范围与模型试验模拟的范围一致，数值模拟模型的几何尺寸也为 2.6m×2m×1m。为了真实地模拟预切槽工法模型试验的过程，没有一次性开挖预切槽部位的土体，而是将预切槽的土体分为 9 块，按照图 5-68 所示的顺序，左右对称分部开挖，每块在纵向方向再分为 6 块，由外向内逐块开挖。模拟了两环预切槽的开挖和支护，每环预注拱的长度为 30cm，厚度为 3cm，两环预注拱之间的搭接长度为 5cm。

本计算中，模型侧面和底面为位移边界，侧面限制水平移动，底面限制垂直移动，上边界为地表，为自由面。即模型的边界约束条件为：模型的左右受到 x 轴方向的位移约束，前后受到 y 轴方向的位移约束，下部受到 z 轴方向的位移约束，地表为自由边界。图

5-69、图 5-70 为模型网格划分图,共 4537 个节点,24410 个单元。

图 5-69　模型整体网格划分

图 5-70　模型预注拱网格划分

(2) 计算假定

在进行数值模拟时,做出如下假设:

1) 假定岩体为均质连续体,其物理力学行为按 Mohr-Coulomb 屈服准则进行计算,预注拱的物理力学行为按弹性材料进行计算。根据材料试验的结果,各材料的物理力学参数见表 5-14。

2) 忽略地质构造应力,用自重应力来代表初始应力场。

3) 不考虑地下水的影响。

各材料的物理力学参数　　　　　　　　　　表 5-14

材料	$\gamma(\text{kg}/\text{m}^3)$	$C(\text{kPa})$	$\varphi(^\circ)$	μ	$E(\text{MPa})$
模拟土层	1930	4.51	24.5	0.3	10
预注拱	2500	—	—	0.2	5850

3. 模型试验和数值模拟结果的对比分析

为了便于模型试验和数值模拟结果的对比分析,数值模拟中各指标监测点与模型试验完全相同。表 5-15 为模型试验各施工阶段时间表,表 5-16 为数值模拟各施工阶段步序表。

模型试验各施工阶段时间表　　　　　　　　表 5-15

序号	施工阶段	对应日期
1	第一环预切槽开挖支护	2011-03-18
2	第一环预注拱下土体开挖贴第一环应变片	2011-03-22
3	第二环预切槽开挖支护	2011-03-24
4	第二环预注拱下土体开挖贴第二环应变片	2011-03-26

数值模拟各施工阶段步序表　　　　　　　　表 5-16

序号	施工阶段	对应步序
1	第一环预切槽开挖支护	2~40
2	第一环预注拱下土体开挖	41~45
3	第二环预切槽开挖支护	46~84
4	第二环预注拱下土体开挖	85~89

注:步序 1 为土体初始应力平衡。

（1）土体内部竖向位移分析

土体内部竖向位移各监测点的位置见图 5-27、图 5-28。

1）模型试验结果分析

图 5-71 给出了模型试验中土体内各测点的竖向位移变化曲线。

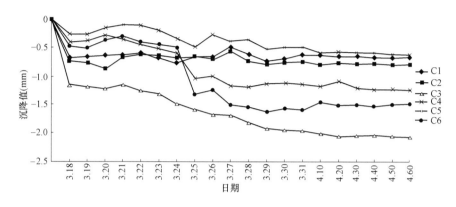

图 5-71 模型试验中土体内各测点的竖向位移变化曲线

由图 5-71 可以看出：

① 在进行预切槽的开挖支护时，各测点的位移变化最大。3 月 18 日第一环预切槽开挖支护时，第一断面的各测点沉降较大，沉降最大的测点是 C3，沉降值达到 1.18mm，占最终沉降值的 57%；3 月 22 日第二环预切槽开挖支护时，第二断面的各测点沉降较大，沉降最大的测点是距离洞周最近的 C6，沉降值为 0.8mm，占最终沉降值的 54%，这说明预切槽的开挖支护会引起土体较大的变形。

② 全断面开挖预注拱下面的土体时，各测点均有一定的变化，但波动较小。开挖第一环预注拱下面的土体时，最大沉降点 C3 的沉降值仅为 0.12mm，占最终沉降值的 5.8%；开挖第二环预注拱下面的土体时，最大沉降点 C4 的沉降值也仅为 0.16mm，占最终沉降值的 10.8%，这说明全断面开挖预注拱下部土体时引起的土体变形较小。

③ 在第二环预切槽开挖支护过程中，第一断面中的 C3 测点沉降值为 0.4mm，占最终沉降值的 19.3%，C1、C2 测点均有少许上抬，这是由于围岩的整体效应导致的，前方土体的下沉必然会导致后方上部土体的少许上抬。

④ 各测点的最终沉降在 4 月 3 日后基本趋于稳定，各测点中 C3、C6 的沉降最大，最终沉降值分别为 2.07mm、1.79mm。

2）数值模拟结果分析

图 5-72 为数值模拟中土体内各测点的竖向位移变化曲线。

由图 5-72 可以看出：

① 在第一环预切槽开挖支护过程中，各测点均有一定程度的沉降，各测点的沉降主要集中在 29~34 施工步序，这主要是因为这几步施工工序是对隧道拱顶部位的预切槽土体进行开挖，对拱顶上方的土体扰动较大造成的。第一断面的沉降相对较大，最大沉降测点为 C3，沉降值为 4mm，占最终沉降值的 60%。

② 第一、二环预注拱下面的土体进行开挖时（施工步序分别为 40~44、83~88），各

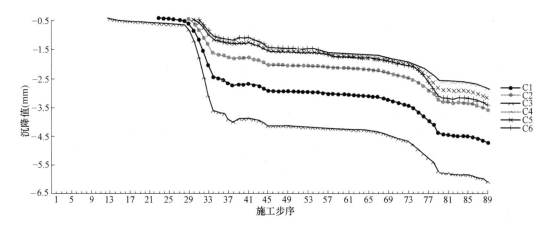

图 5-72 数值模拟中土体内各测点的竖向位移变化曲线

测点的沉降较小沉降值，均在 0.25mm 左右，占最终沉降值的 5%～10%，对土体的扰动相对较小。

③ 在第二环预切槽开挖过程中，开挖洞周两侧的土体时，各测点的沉降变化比较平缓，开挖拱顶的预切槽土体时，沉降较大。这一过程 C6 测点沉降最大，沉降值为 1.76mm，占最终沉降值的 51%。

3）对比分析

数值模拟的结果总体上要比模型试验结果大，这是因为数值模拟采用的是单向位移约束，模型试验采用的是模型箱，边界约束相对较强。数值模拟的规律性强一些，模型试验的规律性相对较弱，这是由模型试验施工过程中的复杂性决定的。但二者反映的土体内部竖向位移规律大致相同，即采用预切槽工法施工时，隧道上方土体的竖向位移主要产生于预切槽开挖支护过程，这一阶段土体的沉降值占最终沉降值的 50%～60%，全断面开挖引起的土体沉降相对较小，约占最终沉降值的 5%～10%。

（2）洞周土压力分析

土压力测点的布置断面与土体竖向位移测点相同，横断面布置如图 5-73、图 5-74 所示。

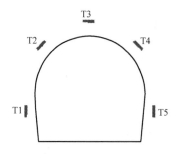

图 5-73 第一断面土压力测点

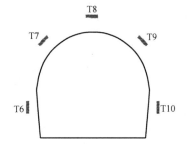

图 5-74 第二断面土压力测点

1）模型试验结果分析

图 5-75、图 5-76 为模型试验中第一、二断面各测点土压力变化曲线，第一断面的 T5

测点以及第二断面的 T6、T10 测点因土压力盒发生损坏，未在图中呈现其变化。在以下分析中定义：应力释放率＝应力减小量/原始应力。

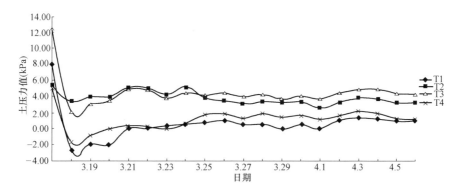

图 5-75　模型试验中第一断面各测点土压力变化曲线

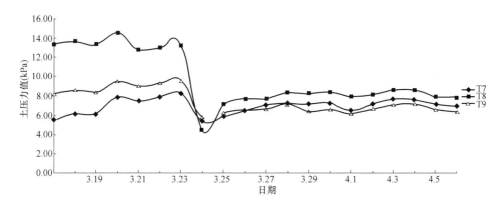

图 5-76　模型试验中第二断面各测点土压力变化曲线

由图 5-75、图 5-76 可以看出：

① 第一环预切槽开挖后，第一断面各测点的土压力急剧减小，测点 T3 的减小量最大，变化量达 10.74kPa，最终减小为－2.64kPa，出现负值是因为土体扰动较大，引起土体的应力重分布，土压力盒中心受力减小，边缘受力增大导致。从应力释放率来看，通过测点 T2、T3 的压力变化可知，拱顶土体的应力释放率较大，约为 82.97％，拱腰土体的应力释放率相对较小，为 37％。可见第一环预切槽的开挖对拱顶土体扰动较大，导致应力释放率较大。第二断面各测点的土压力有逐渐增大的趋势，但波动较小，各测点土压力的变化主要是由于第一环预切槽的开挖导致掌子面前方土体有向隧道内侧移动的趋势导致的。

② 第二环预切槽开挖后，第二断面洞周土应力有较大的释放，拱顶土体的应力释放率达到 66％，两侧拱腰土体的应力释放率分别为 35％、39.8％。

③ 第一、二环预注拱下面的土体全断面开挖时，各测点的土压力都有所增大，但变化相对较小，均在 1kPa 以内，这说明全断面开挖拱下土体时，周围土体有一定扰动，但扰动较小。

④ 从土压力可以看出最终预注拱的承载情况，第一断面拱顶承受的荷载为 4.34kPa，左右拱腰承受的荷载分别为 3.3kPa、1.17kPa，左边墙承受的荷载为 1.08kPa。第二断面拱顶承受的荷载为 7.85kPa，左右拱腰承受的荷载分别为 6.95kPa、6.41kPa。由此可见，在试验条件下拱顶承受的荷载较大，拱腰和边墙承受的荷载较小。

2）数值模拟结果分析

图 5-77、图 5-78 为数值模拟中第一、二断面各测点土压力变化曲线。

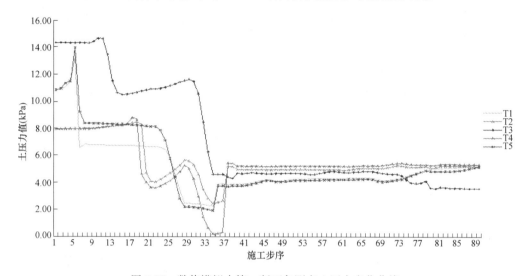

图 5-77　数值模拟中第一断面各测点土压力变化曲线

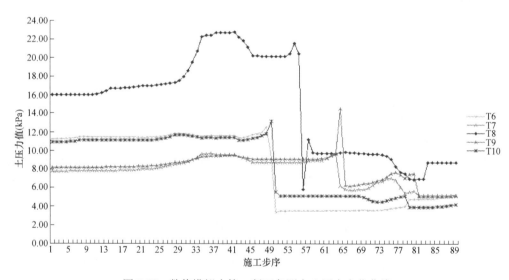

图 5-78　数值模拟中第二断面各测点土压力变化曲线

由图 5-77、图 5-78 可以看出：

① 各对称测点土压力的变化规律和大小大致相同，这是因为在定义施工阶段时采用的是对称开挖、对称支护的方式。

② 在第一环预切槽开挖支护过程中，第一断面各测点土压力出现了较大的波动，这主要是由于预切槽土体的分块开挖和支护导致土体多次应力重分布造成的。最终第一环预

切槽开挖支护完毕后，第一断面拱顶测点 T3 的应力释放率为 72.5%，拱腰测点 T2、T4 的应力释放率分别为 37.7%、34.7%，边墙测点 T1、T5 的应力释放率分别为 61%、61.7%。第二断面各测点土压力有所增大，拱顶测点 T8 的土压力增量最大，这主要是因为土体的开挖导致应力向掌子面前方转移。

③ 在第二环预切槽开挖支护过程中，第二断面拱顶测点 T8 的应力释放率为 65%，拱腰测点 T7、T9 的应力释放率分别为 37.5%、43%，边墙测点 T6、T10 的应力释放率分别为 54.6%、62%。

④ 由图形可以看出，各测点最终的应力都要比初始应力小，这主要是由于隧道的开挖使上部土体产生一定的拱效应，上部压力向隧道两侧转移造成的。

⑤ 第一、二环预注拱下土体全断面开挖时，各测点的土压力变化较小。

3）对比分析

相对于模型试验结果来说，数值模拟中各测点的土压力变化较大，这是由于数值模拟中采用的是分步多块开挖的方式，而模型试验结果反映的是开挖前后的总体变化，没有呈现开挖过程中的土压力变化。总体而言，模型试验与数值模拟结果反映的规律是一致的，即预切槽的开挖支护对土体的扰动较大，就洞周土体而言，拱顶上部土体的应力释放较大，释放率达到 65%~80%，边墙两侧土体的应力释放率约为 50%~65%，拱腰土体的应力释放率约为 30%~40%。预注拱下土体的全断面开挖对土体的扰动相对较小。隧道开挖导致上部土压力向隧道两侧转移，最终隧道周边土压力比初始应力要小。

（3）预注拱应变分析

预注拱应变监测点共 10 个，布置在两个断面上，断面所在的位置与土压力及竖向位移监测断面相同。图 5-79、图 5-80 为各断面的预注拱应变监测点布置图。

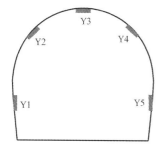

图 5-79　第一断面预注拱应变监测点

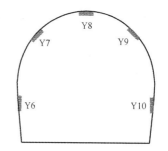

图 5-80　第二断面预注拱应变监测点

1）模型试验结果分析

对模型试验中监测到的数据进行整理得到各测点的应变变化曲线，如图 5-81、图 5-82 所示，正值为拉应变，负值为压应变。

由图 5-81、图 5-82 可以看出：

① 开挖预注拱下面的土体会导致预注拱应变增大，拱顶内侧受拉，拱腰和边墙内侧主要受压，这符合支护受力的一般性规律。

② 各测点的应变在 3 月 30 日之后已趋于稳定，最终第一断面各测点的最大拉压应变分别为 0.00019、0.00014，第二断面各测点的最大拉压应变分别为 0.000023、0.000031。第一断面的拉压应变远大于第二断面，这是因为第一环应变片贴的较早，经历了第一环预

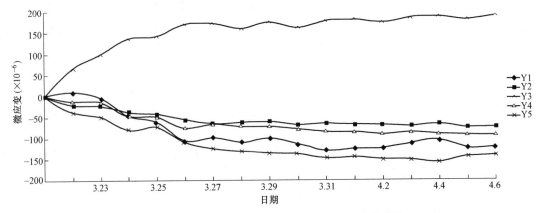

图 5-81　模型试验中第一断面各测点的应变变化曲线

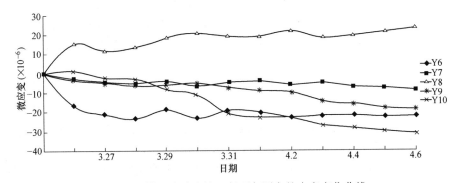

图 5-82　模型试验中第二断面各测点的应变变化曲线

注拱下土体开挖、第二环预切槽开挖支护、第二环预注拱下土体开挖三个施工阶段，而第二断面各测点的应变监测是在第二环开挖预注拱下土体后，呈现的只是开挖预注拱下土体对预注拱应变的影响。

2）数值模拟结果分析

图 5-83、图 5-84 为数值模拟中第一、二断面各测点的应变变化曲线。

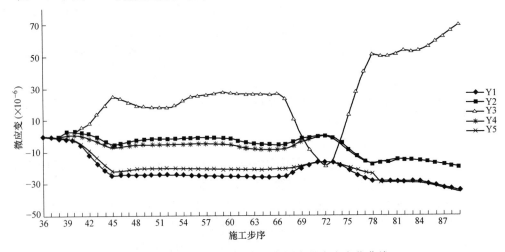

图 5-83　数值模拟中第一断面各测点的应变变化曲线

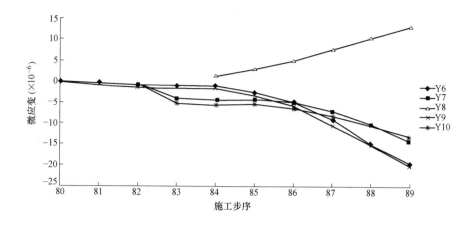

图 5-84 数值模拟中第二断面各测点的应变变化曲线

由图 5-83、图 5-84 可以看出：

① 由于数值模拟中采用的是对称开挖、对称支护的方式，因此各对称监测点的应变变化规律和大小基本相同。

② 在开挖第一环预注拱下土体时，第一断面各测点的应变增大，拱顶测点受拉，拱腰、边墙测点受压。这是由于开挖下部土体引起应力释放导致的。

③ 开挖支护第二环预切槽土体时，第一断面拱顶测点 Y3 由压应变转变为拉应变，拱腰、边墙 4 个测点的压应变减小，这主要是因为第二环预切槽边墙土体的开挖导致土体应力重分布，隧道侧压力增大。

④ 第二环预注拱下土体开挖时，拱顶测点 Y3、Y8 的拉应变增大，拱腰、边墙测点的压应变增大。

⑤ 最终第一断面各测点的最大拉压应变分别为 0.00007、0.000035，第二断面各测点的最大拉压应变分别为 0.000013、0.00002。

3）对比分析

比较模型试验与数值模拟的结果，可以发现数值模拟的结果相对较小，这是因为预注拱在试验中是灌注成型的，密实性难以保证，且其弹性模量有一个增大的过程，贴应变片时，其弹性模量还比较小，达不到之前计算的数值，且试验中预注拱内部的水化反应等对预注拱应变也有较大影响。总体而言，两种方法的结果反映的规律是相同的，预注拱拱顶主要受拉，拱腰和边墙受压，拱顶为结构最薄弱的部位。

（4）开挖顺序影响分析

由于试验条件的限制，试验过程中开挖注浆顺序与实际预切槽工法有一定差异，如前所述试验中采用的是对称开挖、对称注浆的方式，而实际施工过程中是从左到右边开挖边注浆。为了明确这种差异对最终土体竖向位移、土压力及支护受力的影响，在采用 Midas 对试验过程进行模拟计算的同时，也对试验模型下采用实际的预切槽工法施工过程进行了模拟计算，下面对二者的结果进行简略的对比分析。图 5-85～图 5-89 为实际施工过程的数值模拟计算结果。

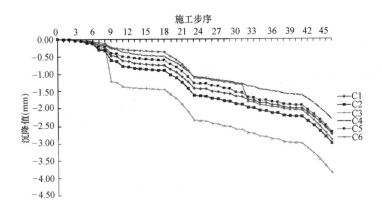

图 5-85　实际施工过程中各测点的沉降变化曲线

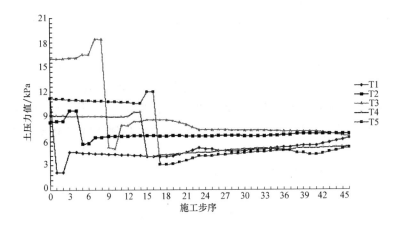

图 5-86　实际施工过程中第一断面各测点的土压力变化曲线

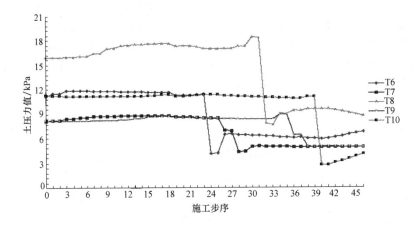

图 5-87　实际施工过程中第二断面各测点的土压力变化曲线

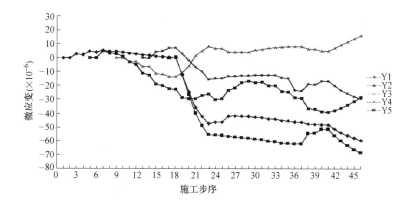

图 5-88　实际施工过程中第一断面各测点的应变变化曲线

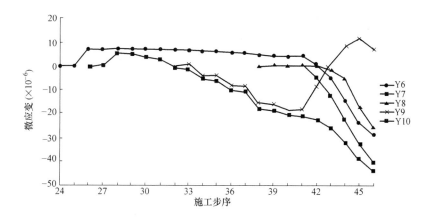

图 5-89　实际施工过程中第二断面各测点的应变变化曲线

将以上结果与之前的数值模拟结果相比较可以发现：二者的土体竖向位移、洞周土压力及预注拱应变变化规律基本相同，即洞周土体的扰动主要产生于预切槽开挖注浆过程中，预注拱的应变变化主要产生于开挖下部土体过程中，拱顶受拉，拱腰和边墙受压。这说明采用试验中的开挖支护顺序模拟实际预切槽工法的施工过程是可行的。

（5）边界约束效应影响分析

试验中模拟了两个循环的预切槽工法的施工，试验中完全采用手工操作，在进行第二循环施工过程的模拟时，需要有一定的空间，因此本试验选用的断面跨度较大，为 0.8m，隧道两侧距离模型边界 0.9m，不满足 3 倍洞径的要求。为了研究边界范围对试验结果的影响，采用数值模拟建立了满足边界要求的模型（模型尺寸为 5.6m×2m×1m），并进行了计算，结果如图 5-90～图 5-94 所示。

由图 5-90～图 5-94 可以看出，边界范围满足要求的模型计算结果与试验模型相比，各指标的变化规律完全相同，大小有少许区别。通过比较可知，模型试验由于边界不满足要求，各测点竖向位移的误差率约为 5%～20%，土压力的误差率约为 5%～15%，预注拱应变的误差率为 4%～25%。

4. 工法对比

选取北京地铁4号线西单至灵境胡同的区间隧道为研究对象，对超前预切槽工法和该区间隧道采用的普通工法进行对比分析。

（1）模型说明

普通工法中，采用超前小导管支护、上下台阶法预留核心土开挖，初喷的厚度为0.3m；预切槽工法中，预注拱的厚度为0.3m，长度为3m，搭接长度为0.5m，底板喷厚度为0.2m的C20混凝土。

区间断面尺寸如图5-95所示，模拟中取水平方向为X，垂直方向为Z，隧道轴线方向为Y。考虑隧道开挖的影响范围，两种工法的计算模型范围均取为$X \times Y \times Z = 60m \times 36m \times 50m$。两种工法的模型网格划分如图5-96～图5-98所示。模型边界为位移约束，顶面为自由面。选取$Y = 14m$处的断面为监测断面，如图5-99所示。表5-17为数值模拟中的土层及支护参数。

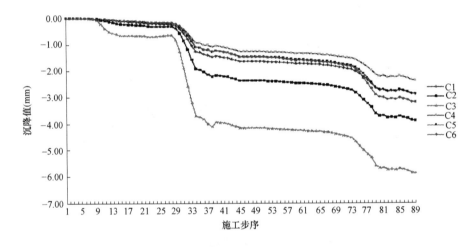

图5-90　土体内各测点的竖向位移变化曲线

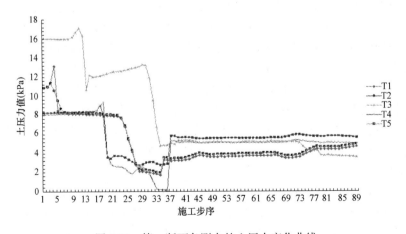

图5-91　第一断面各测点的土压力变化曲线

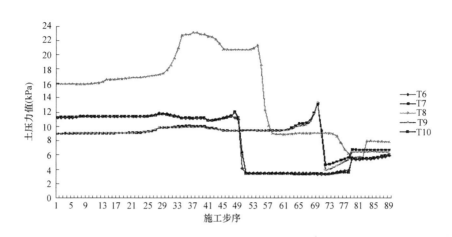

图 5-92　第二断面各测点的土压力变化曲线

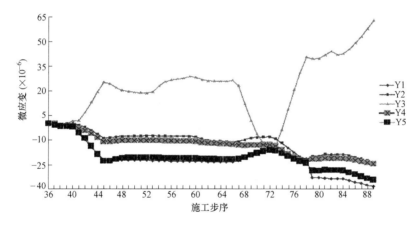

图 5-93　第一断面各测点的应变变化曲线

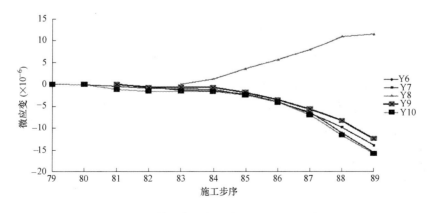

图 5-94　第二断面各测点的应变变化曲线

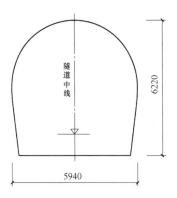

图 5-95　区间断面尺寸

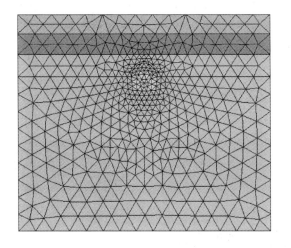

图 5-96　普通工法的整体网格划分

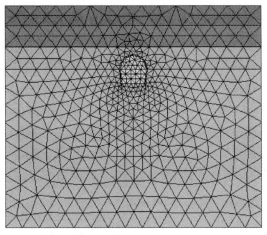

图 5-97　超前预切槽工法的整体网格划分

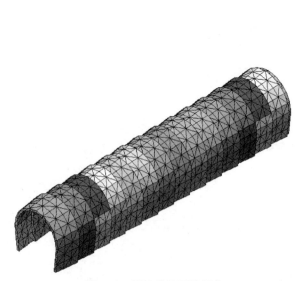

图 5-98　预注拱的网格划分

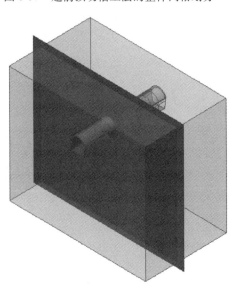

图 5-99　所选监测断面示意图

数值模拟中的土层及支护参数

表 5-17

名称	材料	厚度 （m）	密度 （g/cm³）	弹性模量 （MPa）	泊松比	内聚力 （kPa）	摩擦角 （°）
土层 1	杂填土	4.5	1.86	15	0.32	15	25
土层 2	粉土、粉质黏土	4.8	1.91	36	0.30	25	20
土层 3	粉细砂、中粗砂	4.5	1.96	100	0.28	0	25
土层 4	卵石圆砾	38.2	2.06	150	0.18	0	40
初期支护	混凝土加钢格栅	0.3	3.00	30000	0.20	—	—
超前支护	小导管注浆	0.5	2.09	150	0.25	120	36
预注拱	C30 素混凝土	0.3	2.40	25500	0.20	—	—
底板喷混凝土	C30 素混凝土	0.2	2.40	25500	0.20	—	—

（2）隧道周围土体的竖向位移变化规律对比分析

图 5-100、图 5-101 给出了两种工法最终竖向位移变化云图，图 5-102 为监测断面拱顶沉降变化曲线，图 5-103 为两种工法监测断面地表沉降对比曲线。

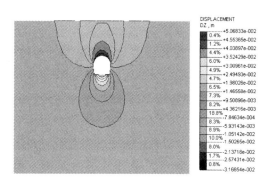

图 5-100　普通工法竖向位移变化云图

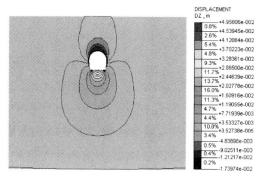

图 5-101　预切槽工法竖向位移变化云图

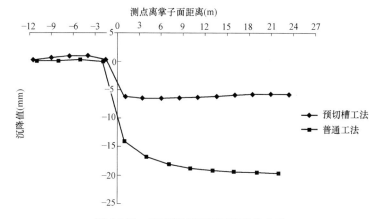

图 5-102　监测断面拱顶沉降变化曲线

由模拟计算结果可知：

1）在普通工法与预切槽工法中，由于是对称模型的对称开挖，所以竖向位移变化云图是左右对称的。

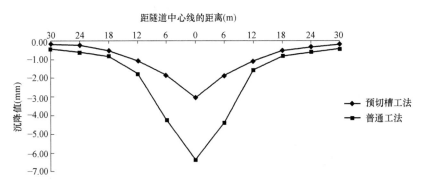

图 5-103　两种工法监测断面地表沉降对比

2）两种工法中拱顶部位的沉降最大，沉降值分别为 31.7mm、17.4mm，普通工法的沉降量几乎是预切槽工法的 2 倍；两种工法中隧道底部的最大隆起量分别为 50.7mm、49.6mm，隆起量基本相同。

3）从图 5-102 可以看出，两种工法中在掌子面靠近监测断面的时候，拱顶沉降或基本为零或非常小，在掌子面通过监测断面的过程中，拱顶的沉降最大。对于预切槽工法，拱顶沉降主要产生于掌子面通过监测断面的过程中，在掌子面通过监测断面 4m 后拱顶沉降基本已经收敛，最终沉降值为 5.76mm。对于普通工法，掌子面通过监测断面的时候，开挖土体所引起的沉降值为 14.1mm，最终沉降值为 19.6mm，开挖土体所引起的沉降值占最终沉降值的 71.9%，掌子面通过监测断面 13m，即 2 倍洞径后趋于收敛，可见普通工法中拱顶沉降的收敛时间要比预切槽工法晚。

4）从图 5-103 可以看出，两种工法的地表沉降变化规律与实际情况基本相符，由隧道中心线向两边逐渐减小，两种工法中选定断面的最大地表沉降值分别为 6.34mm、3.04mm，普通工法的地表沉降量几乎是预切槽工法的 2 倍，说明预切槽工法在控制地表沉降方面与普通工法相比极具优势。

（3）隧道周围土体的水平位移变化规律对比分析

图 5-104、图 5-105 为普通工法和预切槽工法的水平位移变化云图，图 5-106 为两种工法在监测断面拱腰测点的水平收敛变化曲线。

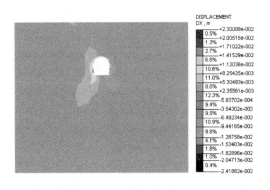

图 5-104　普通工法水平位移变化云图

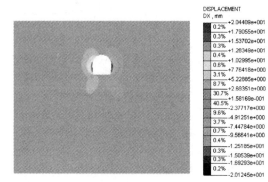

图 5-105　预切槽工法水平位移变化云图

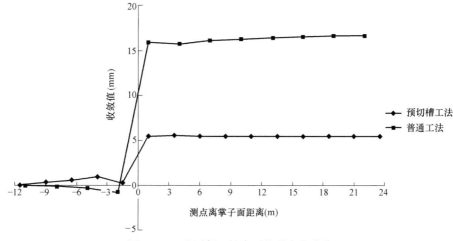

图 5-106 监测断面的水平收敛变化曲线

由模拟计算结果可知：

1）普通工法和预切槽工法的最终水平位移左右基本对称，普通工法在选定断面的最大水平位移为 24.2mm，预切槽工法在选定断面的最大水平位移为 20.4mm。

2）从图 5-106 可以看出，两种工法在掌子面靠近监测断面的过程中，测点水平收敛几乎为零，水平收敛主要发生在掌子面通过监测断面的过程中，掌子面通过监测断面之后，测点水平收敛基本已经比较平稳，普通工法中测点的最终水平收敛值为 16.7mm，而预切槽工法中测点的最终水平收敛值仅为 5.5mm。

（4）隧道支护结构应力变化规律对比分析

模型纵向长 36m，图 5-107、图 5-108 以掌子面在纵向方向的推进距离为横坐标，给

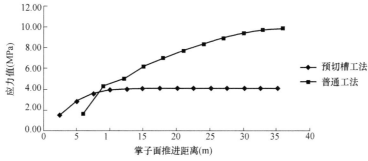

图 5-107 两种工法施工过程中支护最大拉应力变化曲线

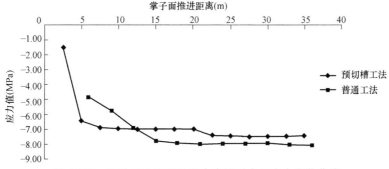

图 5-108 两种工法施工过程中支护最大压应力变化曲线

出了两种工法施工过程中支护的最大拉压应力变化曲线。

由图 5-107、图 5-108 可以看出：

1）两种工法施工过程中，支护的最大拉压应力都经过了从小到大，最后趋于稳定这样一个过程，预切槽工法最大拉压应力比普通工法最大拉压应力收敛得早。预切槽工法在掌子面推进 10m 后最大拉压应力基本已收敛，普通工法最大拉应力在掌子面推进 32.5m 后趋于收敛，最大压应力在掌子面推进 17.5m 后趋于收敛。

2）预切槽工法支护的最终拉压应力均小于普通工法支护的最终拉压应力，这种差别在最大拉应力变化曲线中表现得尤为明显，预切槽工法支护的最大拉应力为 4MPa，而普通工法支护的最大拉应力为 10MPa。

（5）隧道周围土体塑性区对比分析

图 5-109、图 5-110 为普通工法和预切槽工法的塑性区云图。

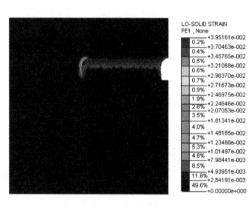

图 5-109 普通工法塑性区云图

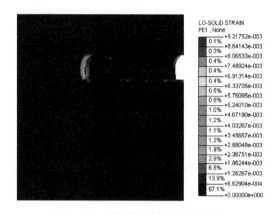

图 5-110 预切槽工法塑性区云图

由图 5-109、图 5-110 可知：普通工法的土体塑性区主要分布在拱腰附近，贯穿于整个隧道，预切槽工法的土体塑性区只是分布在 $Y=0$ 处的边墙附近。普通工法引起的土体最大应变为 0.04，预切槽工法引起的土体最大应变仅为 0.009。

5. 小结

本节对模型试验的结果结合数值模型进行了分析，并对预切槽工法和普通工法进行了全面的对比，得到如下结论：

（1）采用预切槽工法修建隧道时，隧道上方土体的竖向位移主要产生于预切槽开挖支护过程，这一阶段土体的竖向位移占 50%～60%，全断面开挖引起的土体沉降相对较小，约占竖向位移的 5%～10%。

（2）预切槽开挖支护对土体的扰动较大，就洞周土体而言，拱顶上部土体的应力释放较大，释放率达到 65%～80%，边墙两侧土体应力释放率约为 50%～65%，拱腰土体的释放率约为 30%～40%。预注拱下土体的全断面开挖对土体的扰动相对较小。隧道开挖导致上部土压力向隧道两侧转移，最终隧道周边土压力比初始应力要小。

（3）预注拱拱顶主要受拉，拱腰和边墙受压，拱顶为结构最薄弱的部位。

（4）在砂黏土地层采用预切槽工法施工，其效果要优于普通工法，拱顶沉降仅为普通工法的 29.4%，地表沉降为普通工法的 47.9%，水平收敛为普通工法的 32.9%，预注拱的受力也远小于普通工法初期支护受力,其塑性区只存在于局部区域的边墙位置,而普通工法的塑性区贯穿于整个隧道,主要在拱腰部位。

5.5　工 程 案 例

1. 日本横须贺道路吉井隧道

该隧道为双车道公路隧道(见图 5-111),穿越困难地层,隧道断面直径 13m,覆盖层厚度仅为 11m,小于断面直径。地面有道路、高压输电铁塔,地下有管线(上下水、煤气和通信),要求沉降控制严格。地层条件复杂,主要穿越填海地层,标准贯入指数 N 仅为 13(见图 5-112)。并且与城市地区路基相邻,上部地表沉降要求不能超过 20mm。由于施工难度很大,采用传统的新奥法施工很难通过。

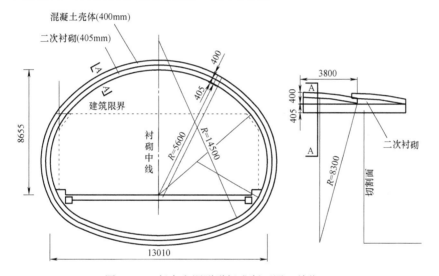

图 5-111　行车主洞隧道标准断面图(单位:mm)

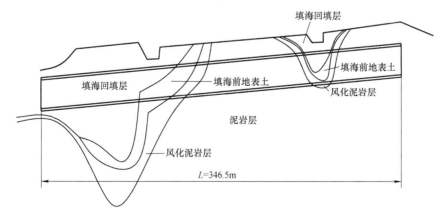

图 5-112　地质剖面图

该工程最后采用了全断面 New PLS 新型预切槽工法施工,全断面一次性开挖,断面面积为 98m²。拱壳宽 3.8m、厚 0.35m，兼作永久支护，没有进行二次衬砌。在工作面和仰拱处喷射混凝土，在工作面打锚杆和注浆进行地层加固（见图 5-113）。

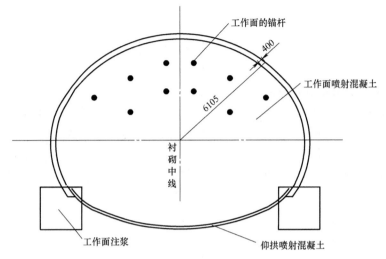

图 5-113　工作面辅助工法（单位：mm）

施工中量测到的隧道断面隆起量和收敛值小于 9mm，地表沉降值小于 6～19mm。最小覆盖层的厚度仅为 8.5m，地质条件为风化泥岩地层，地表沉降值仅为 6mm。采用预切槽工法成功完成了该隧道的施工，地表沉降和变形都控制在比较小的范围内（见图5-114）。

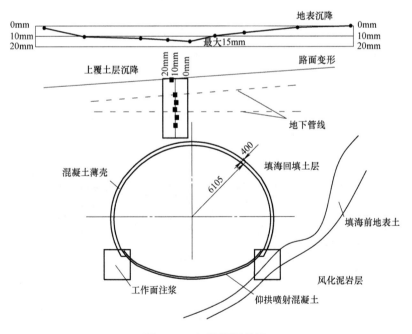

图 5-114　沉降测量结果

预切槽机械的主要性能指标：

电机功率：主机 132kW（切刀驱动和机体移动），辅机 11kW（液压支撑）；

切槽深度：3800mm；

切槽厚度：400mm；

链式切刀的转速：44m/min；

链式切刀的挖掘速度：0～800mm/min；

切刀质量：12t；

机械总重：115t（包括出渣装置）。

2. 日本横滨新道新保土的谷隧道

新保土的谷隧道是穿越城市的典型城市隧道，由上下行各三车道的两条隧道组成。隧道间距 2.5m，覆盖层厚 2～17m，上部有管线和住宅，要求沉降控制严格，施工难度大。采用全断面 New PLS 新型预切槽工法，全断面一次性开挖，面积达 140m^2。隧道部分的地质条件为更新世固结土层，标准贯入指数 N 为 9～45（平均值为 18），单轴压缩强度为 5～8kgf/cm^2（0.5～0.8MPa），一部分为软填土和淤泥。隧道上部的覆盖层为淤泥和黏土层。New PLS 机械的运行由操纵台集中控制，一人即可操纵机械的切割与进退，同时控制填充混凝土和添加剂的压缩泵。

以下均为法国的施工实例，与日本的 New PLS 施工方法相比较，工作原理相同，具体方法有不同之处，比之日本的 New PLS 全断面开挖，法国的工法采用分步开挖的比较多见。作为参考列举如下。

3. Fontenay 和 Sceaux 隧道

位于巴黎郊区的两条隧道，是连接巴黎和法国南部的高速铁路线上的隧道，于 1984 年 5 月竣工。隧道直径为 10m，长度分别为 474m 和 827m。隧道穿越泥灰岩和石膏地层，上半断面位于泥灰岩中，下半断面位于石膏地层，相差比较大。

这两条隧道采用上下台阶法施工，上半断面采用预切槽技术，做了预衬砌。下半断面则采用传统的新奥法开挖。混凝土壳体的厚度为 18cm，每环预衬砌的长度在 2～3.5m 之间。开挖顺序是：

（1）预切槽并且施作预支护，形成混凝土薄壳；

（2）施作上半断面的永久支护；

（3）开挖下半断面中部土体；

（4）施作下半断面左侧结构；

（5）施作下半断面右侧结构；

（6）施作仰拱。

开挖过程中采用了钢格栅拱支撑上部的混凝土壳体，由于地质条件比较复杂，石膏地层比较软弱，施工中对地层进行了注浆处理。

4. 英法海底隧道

在英法海底隧道的法国端，有 6 条隧道同时施工，采用预切槽法修建了 4 条穿越黏土和白垩地层的隧道的洞口部分。施工采用上下台阶法，断面均为圆形，施工过程中有涌水发生，采取的措施是进行注浆处理。4 个洞口的施工用时达 3 个月。

5. 加洛尔隧道

加洛尔隧道是法国里昂东南部 TGV 罗纳—阿尔卑斯线路的一部分，其全长为 2860m，开挖断面面积为 147m^2。该隧道位于地下 80m 深处，穿过被混合质岩土材料填充的、含水的两条古河谷底线切割的砂质与纯泥质的软弱的第三纪砂岩。

预切槽方法应用在 14m 宽、11m 高、断面面积为 125m² 以上的全断面初始开挖阶段，随后在第二阶段建造 20m² 的永久仰拱。开挖分 4 个主要阶段进行：施作预置拱圈、加固工作面、除渣和喷射混凝土。该工程的最后验收是在 1993 年 5 月 14 日。两个开挖面用了两年时间完成，每月每个开挖面约推进 60m，每周每个开挖面约推进 15m。

预切槽机械的主要性能指标：

电机功率：260kW；

切刀功率：220kW；

链式切刀旋臂长度：4m，可延伸到 5m；

切槽厚度：260mm；

厚度调整：190～290mm。

6. 利格伊—布雷瓦钠隧道

位于巴黎附近的利梅伊—布雷瓦泊地区的 1677m 的地下工程必须要通过人口稠密的高地。其中隧道部分的量测长度为 1378m，其横断面比加洛尔隧道的横断面要小——在施作永久衬砌之前是 94m²。

施工从南北两个开挖面同时进行，每端都采用一台预切槽机：北端以全断面进行开挖，而南端则采用分部开挖。该地下结构的特征主要是地层的非均质性，尤其是在两端的陷落土壤地带，在该工程的中间地段局部也出现了陷落土壤的影响，出现了从高原上滑落下来的石灰岩和绿泥灰岩等土壤。平均覆盖层厚度约为 20m。用于半断面切槽机的旋臂长 4m，用于全断面切槽机的旋臂长 4.5m。

在石灰石中以 18cm 厚度施作预置拱圈，其他地方则为 20cm，预置拱圈的覆盖长度是变化的，在普通地带为 0.5m，在上导坑段为 2m。

为了保证工作面的稳定性，在北开挖面的不良地层中以及南开挖面的泥质土壤中，用以网格形式排列的 13m 长的玻璃纤维锚索按每 3～4m² 设置 1 根来加固工作面，并结合使用钢纤维加固的喷混凝土外壳。当穿过含水地层时，利用 16m 深的排水井进行排水，每 8～10m² 设 1 个排水井。当掘进上半断面时，利用临时仰拱暂时闭合上导坑，因为有限元法计算表明，这种安排明显地减小了塑性区以及变形的范围。平均掘进速度为 11m/d。

采用的切槽机械属于第二代机械，安装功率为 150kW，切割头功率为 110kW；链锯旋臂长度为 4～4.5m，切割厚度为 240mm。

7. Saint Germain 隧道

巴黎一条长 2810m 的公路隧道，其中的 1855m 用机械预切槽法施工。

隧道由两个中心距为 28m 的双孔隧道构成。每孔隧道的有效横断面面积为 74m²，而开挖断面面积为 96m²。预置拱壳两侧墙之间的总宽度为 12.40m，相对总高度为 8.16m。从拱顶石量测到的平均覆盖层厚度约为 15m。

隧道穿过了巴黎盆地的主要地质构造层。由上至下依次包括：1～3m 厚的老冲积沉积层和地表构造层；6m 厚的砂层；10m 厚的泥岩和松散岩层；15m 厚的整体石灰石，其抗压强度从 5～25MPa 不等；8m 厚的砂层。

该隧道的大部分是在石灰石结构层中开始的，隧道纵向又穿过泥岩、松散岩石和萨姆化砂层。预置拱圈厚 20cm，长 3～5m。基于初始拱圈混凝土的特征和所使用的设备，工程能够以每天施作两个预置拱圈的速度推进，即允许有 1m 的预置拱圈搭接，达到每天推进 4～8m。两座平行的隧道使用一台切槽机轮流进行开挖，切槽机安装功率为 500kW，切割头的有效功率为 400kW，链锯旋臂长度为 4m，最大可延伸到 5.6m，标准链锯旋臂切割厚度为 20cm，可选择的扩展厚度达到 29cm。该工程的日进度最大为 10m。

8. EOLE 北端隧道

1993 年在巴黎使用原有的预切槽机来修筑长 266m、跨度为 9.40m 的隧道。该隧道以 18cm 厚、4m 长的预置拱圈来进行上半断面开挖，预置拱圈搭接长度为 1～2m 不等。值得注意的是，就 2m 的搭接而言，支护实际上是由两个重叠的预置拱圈组成的。在预置拱圈下掘进机进行开挖。在开挖后不久，便安设重型拱架，随后灌注 7.5m 一环的混凝土永久拱圈。通过用土壤回填核心部分，再挖掘和灌注混凝土边墙，最后施作仰拱来完成隧道施工。使用的切槽机是第二代产品，其切割头的功率为 90kW。

第6章 敞口式盾构法

6.1 概　述

自 1999 年北京市首次引进密闭式土压平衡盾构机进行地铁隧道施工以来，因其施工的高效性、安全性、经济性等指标良好，迅速在全市范围内推广开来，成为最主要的隧道施工设备（见图 6-1）。工程实践表明，盾构法因其独特的优势成为城市地下隧道工程施工的首选工法，而工程地质条件和水文地质条件是盾构机选型的重要依据，在采用盾构法施工之前充分地了解工程地质、水文地质条件是必不可少的重要环节。

图 6-1　密闭式土压平衡盾构机

①—开挖面；②—刀盘；③—土仓；④—隔板；⑤—推进油缸；⑥—螺旋输送机；⑦—管片安装机；⑧—管片衬砌

北京地区的地质条件比较复杂，大体上可划分为松散堆积物和基岩两大类，松散堆积物主要分布在山前平原区，其厚度从山前数米向东南逐渐加厚至数百米，代表性地层包括砂卵石、黏性土、砂性土地层等。

北京地区东西向工程的地质特点为：西部以碎石类土为主，向东则逐渐形成黏性土、粉土与砂土、碎石类土的交互沉积，第四系覆盖层的厚度也由数米增加到数百米，西部出现的卵石粒径较大，并含有漂石，最大粒径超过 1m。如北京地铁 9 号线玉渊潭区间，隧道穿越的地层特性为：富含超大粒径漂石的砾岩层（见图 6-2）、无水卵石⑦层、富水卵石⑦层及其交替的复合地层，漂石最大粒径超过 2m，漂石体积含量为 30%～40%。也就是说盾构每推进一环（步距 1.2m）遇到 20～40cm 的漂石约 478 块；40～60cm 的漂石约30 块；80cm 以上的漂石约 4 块。各层特性为：砾岩层地层胶结程度高，大粒径卵漂石含量高、卵石石英含量高、硬度高（单轴抗压强度超过了 300MPa），地层无水；卵石⑦层地层密实，大粒径卵漂石含量高、弱风化，卵石石英含量高、抗压强度高，该地层渗透系数为 350m/d，掘进断面全断面含水；两种地层交界处卵漂石含量尤为高。

图 6-2　卵漂石地层现场取样情况

北京地区南北向工程的地质特点为：北部以黏性土、粉土为主，局部会有卵石土的互层，随着向南移动，会出现大量的卵砾石层且粒径较大。西南区域受古地形影响较为明显，以第三纪沉积的砾岩与黏土岩交互层为主的基岩顶板埋藏较浅，一般为 20m 以内。

北京属于永定河洪冲积扇的中上部地段，由于河流频繁改道形成多级洪冲积扇地，并且第四系土层分布复杂，这决定了地下水赋存、运动的复杂性。在海淀镇—西直门—西单—沙子口—大红门一线的西南侧主要为砂卵砾石沉积，为单一含水层，深部为砂卵石与粉土、黏性土的互层沉积，形成多个含水层，甚至多层承压水。并且地层条件还受到古河道变迁控制，也形成和地貌特征密切相关的地下水，如分布于北部及东部地层中的台地潜水、分布于清河和温榆河故道中的阶地潜水。

砂卵石地层是北京的典型地层，密闭式盾构机在此地层中掘进极为困难：

（1）刀具及刀盘外周磨损、破坏严重，新制刀具仅能支持掘进几十米，需频繁开仓换刀；

（2）砂卵石层中盾构机经常被困死，推进艰难；

（3）遇到漂石时无法处理，只能采取人工开挖导洞绕至开挖面将障碍清除的措施，严重影响工程安全和进度；

（4）砂卵石等地层渗透性强，建立压力平衡困难，容易扰动发生地面沉降；

（5）盾构机操控难度大，频繁停工，进度极慢，甚至不及矿山法；

（6）刀具、油料、土体改良剂等材料消耗极大，施工成本高昂。

敞口式盾构机是现代盾构机的鼻祖，随着工程技术的进步，敞口式盾构机也不断地演变和进化。在欧美日等发达国家，敞口式盾构机已失去主导地位，但在一些特殊地质条件下和特别的隧道工程中，仍扮演着重要的补充角色。敞口式盾构机与密闭式盾构机一样，集液压技术、电气技术、传感技术、控制技术等于一体，但在处理砂卵石地层及障碍物方面具有比较大的优势且成本低，综合比较安全、进度、成本、地质适应特殊性等各方面的因素，敞口式盾构机在一些施工环境中有着密闭式盾构机无法比拟的优越性。

（1）可直接观察开挖面情况，能处理漂石和障碍物；

（2）由于不需要主轴承和刀盘以及大量的刀具，成本可以降得很低，能降到密闭式盾构机造价的 50% 左右，且国产化率可做到很高；

（3）直接开挖运输土体，无需或很少需要改良土体，无污染；

（4）施工速度相对较快，用电量小，人力投入少，施工成本低；

（5）设备占地面积小，不需要开挖多个竖井。

6.2 敞口式盾构机工作原理及适用范围

6.2.1 工作原理

敞口式盾构机具有如下功能：稳定开挖面、挖掘和排土、安装管片衬砌、推进盾构、同步回填注浆，其主要工作原理和施工步序如图 6-3 所示。

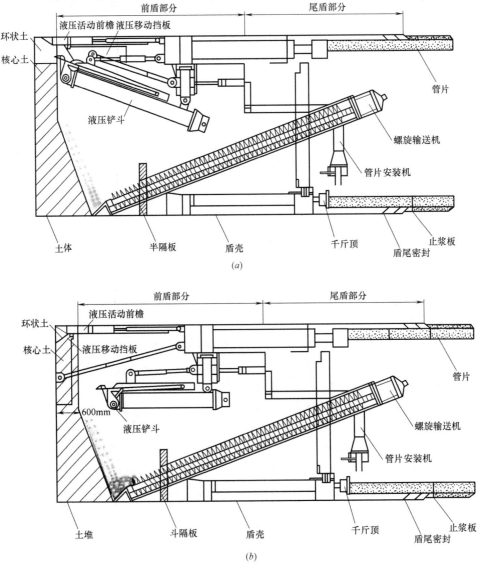

图 6-3 敞口式盾构机施工步序图（一）

（a）挖掘（上半断面）；（b）支护

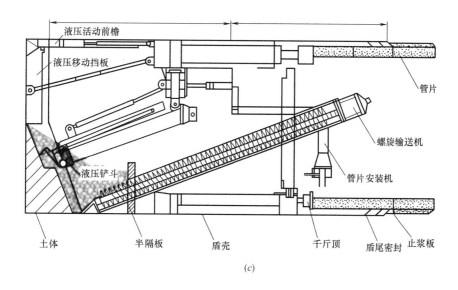

(c)

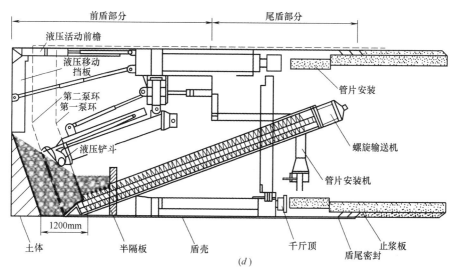

(d)

图 6-3 敞口式盾构机施工步序图（二）
(c) 挖掘（下半断面）　(d) 推进、拼装管片

其施工步序参见表 6-1。

敞口式盾构机施工步序

表 6-1

步序	名称	详细描述	备注
1	挖掘一	用铲斗挖掘开挖面上半部分土体,向前挖掘 600mm,伸出伸缩前檐、放下活动挡板支护开挖面,用铲斗挖掘开挖面下半部分土体。在此过程中,螺旋输送机和皮带输送机适时将挖掘下来的渣土输送排除	
2	推进一	推进千斤顶将盾构主机向前推进 600mm,同时伸缩前檐被动回缩、收回活动挡板。推进过程中,螺旋输送机和皮带输送机适时将渣土输送排除	

续表

步序	名称	详细描述	备注
3	注浆一	盾构机向前推进后,管片环外部与土体间产生空隙,同步注入混凝土浆液填充,防止发生沉降	
4	挖掘二	同"挖掘一"步骤,再次向前挖掘600mm	
5	推进二	同"推进一"步骤,再次向前推进600mm	
6	管片	盾构机已向前推进1200mm行程,满足1200mm宽管片安装空间,分区逐个缩回推进千斤顶,安装管片,形成一整环管片衬砌	
7	注浆二	同"注浆一"步骤	
8	挖掘一	完成一个工作循环后,再次开始"挖掘一"步骤,开始新的工作循环	

在挖掘隧道过程中如遇到漂石、孤石、桩基等地下障碍,粒径较小的漂石、孤石可以用铲斗直接挖出或人工排出;粒径较大的漂石、孤石和桩基则可以将铲斗换成铣削锤进行破碎后再排除。因开挖面完全敞开,处理障碍的过程也变得十分容易和直接,对工程进度的影响很小。

6.2.2 适用范围

现代化的敞口式盾构机(图6-4~图6-5)机械化和自动化程度不低于密闭式的土压平衡盾构机,掘进隧道的工作效率也接近或达到土压平衡盾构机的水平,其适应的地质类型较为广泛,如黏土、粉土、砂、砂砾、固结粉砂、砂卵石、卵砾石、强度不高的风化和中风化岩层等,无水或少水、有一定自稳性的地层均可以使用敞口式盾构机进行隧道施工,含水地层通过降水或注浆止水后也可应用敞口式盾构机。含水量丰富降水困难的地层以及一些流动性强的软泥层和砂层,仍应采用土压平衡盾构机或者防水能力更强的泥水平衡盾构机施工隧道。

图6-4　敞口式盾构机

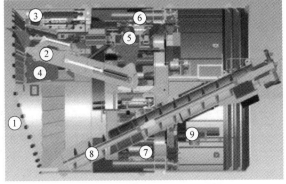

图6-5　敞口式盾构机三维模型剖视图
①—开挖面;②—挖掘装置;③—伸缩前檐;④—支护挡板;
⑤—挖掘回转台;⑥—推进油缸;⑦—铰接油缸;
⑧—螺旋输送机;⑨—管片安装机

6.3 敞口式盾构机及关键技术

6.3.1 敞口式盾构机构造组成

敞口式盾构机由主机、连接桥和后配套三大部分组成，主要系统和部件有盾体、盾尾密封、伸缩前檐、活动挡板、挖掘装置、螺旋输送机（或刮板输送机）、皮带输送机、管片安装机、工作平台、连接桥、推进千斤顶、铰接千斤顶、同步注浆设备、后配套拖车、油脂加注系统、水循环系统、电力系统、操控室、液压系统、电气控制系统等，大部分系统和部件可与土压平衡盾构机通用，与土压平衡盾构机等密闭式盾构机相比，敞口式盾构机有以下特点：

（1）没有刀盘和刀盘驱动装置，挖掘土体由液压铲斗和铣削锤完成，根据地质情况的不同，可以轻易地互换铲斗和铣削锤；

（2）开挖面与盾体内仓之间无封闭隔板，完全敞开，从盾体内部能直接看到开挖面的全部状况；

（3）开挖面及上方土体由前盾帽檐、可滑动的伸缩前檐、可收放的活动挡板等共同支护（本条为非必要特征，可具有部分或全部）；

（4）隧道挖掘在常压下进行，无需建立土体压力平衡，取消了人舱等带压装置和结构；

（5）挖掘断面不受圆形刀盘限制，可自由设计成马蹄形、矩形等形式。

1. 挖掘装置

整套装置的操作在驾驶室内进行，设计可满足挖掘臂的伸缩（前后）、俯仰（上下）、回转（左右）和铲斗的旋转（绕销轴摆动）以及整体前后移动的功能，通过组合动作可实现对不同形状隧道截面的仿形挖掘，同时可将渣土收集到排土装置取土口。如图6-6所示。

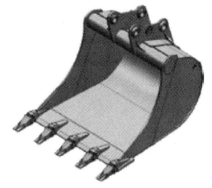

图6-6 挖掘装置

挖掘装置与前檐挖掘动作采取"先上后下，先中间后两边"的挖掘顺序。具体如图6-7～图6-12所示。

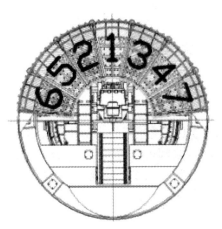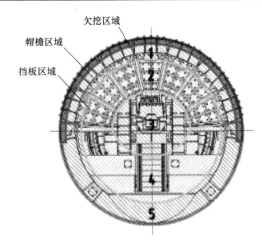

图 6-7　准备工作

（1）第 1 步：准备（前檐支撑、端面挡板、挖掘装置均处于回收状态）。

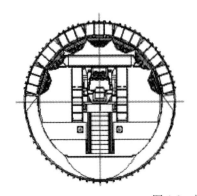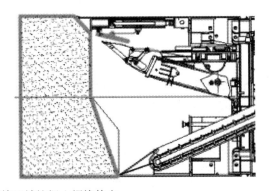

图 6-8　帽檐区域挖掘＋帽檐伸出

（2）第 2 步：帽檐区域挖掘＋帽檐伸出，采取"先中间后两边"的原则，以欠挖模式挖掘每个前檐支撑下部适当范围内的土体，挖掘有效行程控制在 600mm 以内，同时帽檐依次伸出。根据地层情况选择帽檐伸出方式如下：

1）较差地层：挖掘 1 个帽檐区域＋伸出 1 个帽檐；

2）一般地层：挖掘 2 个帽檐区域（顶部为 3 个）＋伸出 2 个帽檐（顶部为 3 个）；

3）较好地层：挖掘 7 个帽檐区域＋伸出 7 个帽檐。

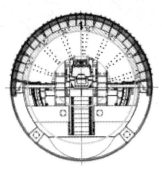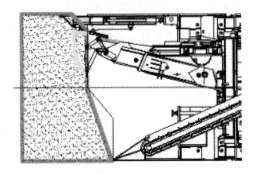

图 6-9　挡板区域挖掘＋挡板支出

（3）第3步：挡板区域挖掘＋挡板支出，采取"先中间后两边"的原则依次挖掘挡板区域土体，挖掘有效行程控制在600mm以内，同时挡板依次支出。根据地层情况选择挡板支出方式如下：

1）较差地层：挖掘1个挡板区域＋支出1个挡板；

2）一般地层：挖掘2个挡板区域（顶部为3个）＋支出2个挡板（顶部为3个）；

3）较好地层：挖掘7个挡板区域＋支出7个挡板。

注：地层较好时，帽檐区域和挡板区域可同时挖掘，及第2步和第3步可同时进行。

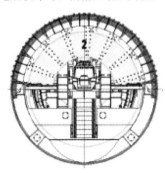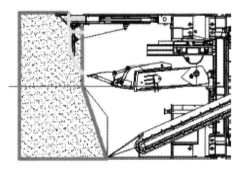

图 6-10　其余区域挖掘

（4）第4步：其余区域挖掘，采取"先中间后两边，先上后下"的原则依次挖掘断面上的剩余土体，同步排出渣土。

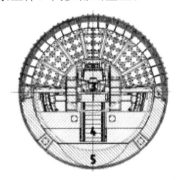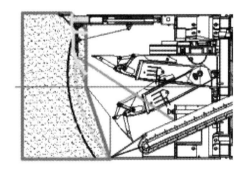

图 6-11　盾体推进

（5）第5步：盾体推进，推进油缸伸出600mm，前檐支撑油缸均被动收缩。同步进行盾尾注浆。

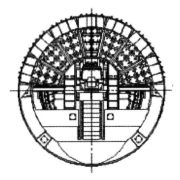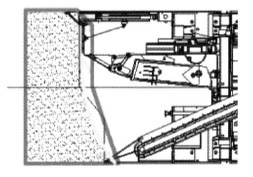

图 6-12　第二轮挖掘

（6）第 6 步：第二轮挖掘，在掌子面稳定的前提下，收回端面挡板（根据具体情况，可收回全部或几个），按照第 1～5 步进行第二轮挖掘，完成一环管片宽度的挖掘后，进行管片拼装。

2. 前盾总成（前盾、支撑前檐及挡板）

前盾上部设置有多个可伸缩的活动前檐，用于支撑拱顶土体，避免开挖面上方土体的坍塌，其下端分别铰接有扇形活动挡板，通过液压油缸向前伸出，可在一定角度范围内张合，辅助支撑掌子面，保持开挖面的稳定。如图 6-13、图 6-14 所示。

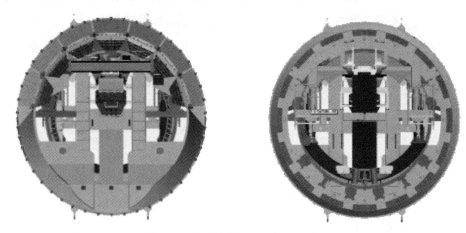

图 6-13　前盾前檐及活动挡板分布图

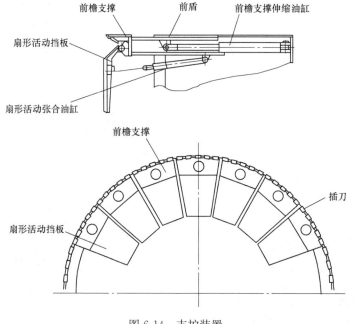

图 6-14　支护装置

前盾在结构设计上，长于下部向前凸出，利于抵挡上部土压、防止塌陷。另外，在前盾周边（不含前檐段）安装有耐磨插刀保护盾壳，降低磨损。

为便于组装和运输，前盾、中盾之间采用螺栓、螺母及定位销连接固定。

3. 中盾总成（中盾和铰接盾）

中盾设置有径向注入孔和止浆密封，设备久置时，可注入润滑材料以减小盾壳与围岩间的摩擦阻力；向止浆密封内注入加压水或压缩空气，其膨胀后可压贴在隧道表面及盾体外壳上，阻止同步注浆浆液涌入开挖面。

中盾与铰接盾之间通过铰接油缸连接，共安装有 16 个铰接油缸，这些双作用液压油缸使前后盾体之间可实现相对摆动，从而满足隧道曲线段施工的要求，同时设计有防止盾体扭转的机械装置，铰接部位设置有铰接密封，防止盾体外部地下水、砂土等进入盾体内。

中盾总成安装有 20 根推进油缸，共分成 4 组，上方 4 根，下方 6 根，每组中都有一根油缸装有推进行程传感器，传感器会向 PLC 传送一个电子信号，这些信号可用来计算前、后盾体的位置，供导向系统使用。这些信号也可用于把铰接的角度控制在合适的范围内。每个油缸都有一个固定在活塞杆端部的推进撑靴，作用在隧道的衬砌管片上。油缸通过内六角头螺栓固定于铰接盾后端面。活塞杆向后伸出，有两个作用：

（1）提供设备前行所需的主推力，并提供机器前部岩土压力的反作用力；

（2）把相连的管片推到正确的位置，并且在整圈管片安装过程中使其保持在各自的位置上；

在中盾内部焊接有加强环，为挖掘装置、螺旋输送机及铰接油缸等提供坚固的安装基础。

4. 尾盾总成

尾盾壳体上设置有内置式的同步注浆管和尾盾密封油脂注入管，如图 6-15 所示。

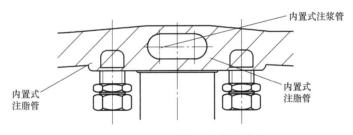

图 6-15　尾盾注浆管和密封注脂管

尾盾焊接有 3 排钢丝密封刷，形成两个空腔，通过油脂管分别注入密封油脂，有效地防止地下水和注浆材料进入盾体内。同时通过调整和保持注浆压力，可有效地控制地面沉降。同步注浆管内置在尾盾结构上，通过这些管道，浆液可以从盾构机的后端流出，此时管片已从尾盾中推出。注浆管可以通过专设的清洗泵及管路进行清洗。

5. 螺旋输送机

螺旋输送机的主要用途在于排出土仓内的渣土（见图 6-16）。轴式螺杆由后端的液压驱动装置驱动。

螺旋输送机的主体结构包括多个连续安装的筒体，将渣土从前盾下方的集料斗输送到后端的出渣口。中间支撑杆把螺旋输送机的载荷传递给铰接盾。

驱动装置位于螺旋输送机的后端，由两台液压电机、小齿轮、齿圈和轴承构成。轴式螺杆直接与驱动装置的输出轴相连，以传递液压电机的扭矩。

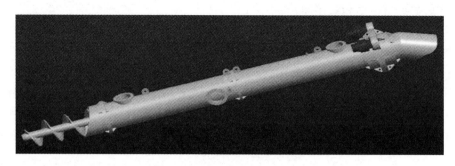

图 6-16　螺旋输送机三维图

出渣系统输送能力为 300m³/h，可满足 400mm 以下粒径渣土的顺畅输送，驱动装置采用知名品牌的液压电机，速度可调。皮带输送机由传送带、机架、托辊、减速机与电机等组成。

6. 管片拼装机

管片拼装机拟采用圆盘式（见图 6-17）。旋转运动由 2 个液压电机驱动（带有制动装置），回转速度按 0.3r/min 和 1.5r/min 两级调速，并可实现微调，设置有旋转角度限位开关，可实现±220°的旋转。管片拼装机具有压紧管片密封圈的功能；可完成旋转、伸缩、滑动、倾斜等动作；设置无线遥控和有线操作 2 种方式，提高可操作性；可满足长度 1200mm 管片的拼装工作。

（1）回转部

管片拼装机的回转部上安装管片拼装机结构的其余部分以及液压缸。回转部最外圈滚道，其外表光滑，可以轻松地在托轮上转动。另外，回转部上还安装有大齿圈，与驱动装置的小齿轮相啮合。

（2）伸缩部

伸缩部的结构中包括两个导柱，使得它可以相对于伸缩导向臂作径向移动。伸缩部起吊梁上有两根水平方向的圆柱形轴套，可以使（管片）抓取装置前、后滑动。

（3）抓取装置

抓取装置有两根圆柱形导向轴，可以使抓取装置沿着安装臂上的圆柱形轴套前、后移动。夹持装置有一个锁定机构，与嵌入管片内的抓举头相连接。

（4）管片拼装机驱动装置

管片拼装机的两套驱动装置由液压电机驱动，液压电机则与驱动旋转架的小齿轮相连。电机的内部制动器需要液压压力才能松开，因此，只要管片拼装机没有转动，电机就处于锁定状态。

（5）伸缩油缸

管片拼装机左右两侧各有一根伸缩油缸，用于提升管片并将它们放在隧道壁上。这些伸缩油缸的导向通过伸缩部上的伸缩导柱和伸缩导向臂实现。

（6）平移油缸

平移油缸安装在伸缩部与抓取装置之间，用于前、后移动抓取装置。平移油缸通过伸缩部上的圆柱形导柱和抓取装置上的圆柱形轴套动作。

（7）支撑油缸

有 4 个支撑油缸用于对管片的位置进行微调。

管片拼装机最大起吊能力为 5t，可实现管片从运输车上卸载和输送到管片拼装区域一次到位，无需二次转运，行走速度为 10m/min，起升速度为 3.2m/min。

7. 操作室

操作室包括正常掘进过程中操作和监测盾构机的各种液压和电气功能所需的控制和指示装置。

该系统包括各种液压启动器和电机的控制装置、设定推进速度和压力的控制装置、压力表、电流表、系统监测指示灯、操作触摸屏等。

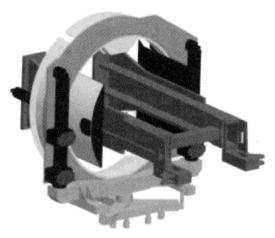

图 6-17　管片拼装机三维图

8. 后配套台车

由 5 节门架式轨行台车组成，型钢焊接制造，主要用以安装承载控制室、同步注浆泵、各种液压泵、液压油箱、盾尾密封注脂泵、空压机、变压器及电控柜等系统设备和管线，布置科学合理，方便检修维护，人行通道畅通无碍，体现了人性化设计理念。

9. 辅助系统

(1) 同步注浆系统：包括搅拌箱、注浆泵、压力计、流量计、注入配管、气动球阀、动力装置、4 个注浆口等，用气动球阀进行注浆口的切换，每个管路配置有压力检测与流量调节系统，设自动与手动两种控制方式，设有清洗装置。

(2) 注脂系统：主要由注脂泵、分配器、压力与流量检测装置、电动球阀及压力开关组成。泵与注入口间用钢管及高压软管连接，泵的间歇运转和注入阀的开关可实现盾尾密封油脂的注入，通过注脂时间调节注脂量，可手动、自动控制加注油脂。

注脂系统用于把油脂加注到诸如前檐、挖掘装置、铰接盾等多个有相对运动的部位，主要是为了封堵土压、水压或液压，防止渗漏，同时起润滑作用，从而延长设备使用寿命，减少故障发生。

(3) 空气系统：为注脂泵、各类气动控制阀提供必需的工业压缩空气，由空气压缩机、空气罐、干燥器、过滤器、操作及控制阀等构成，过滤精度 $20\mu m$。

(4) 工业水系统：主要用于清洗和消除盾构机的动力装置及设备如液压系统（液压泵站及油箱）、空压机等产生的热量，保证设备整体的运行可靠性。

(5) 通风系统：台车上配置大功率轴流风机、储风筒、风管，确保隧道内空气流通以及工作人员呼吸顺畅。

(6) 导向系统：由全站仪、棱镜、激光发射器、监控屏等组成，用于盾构掘进方向监控显示、纠偏、实时测量等，测量精度 $2''$，工作距离不小于 200m。

10. 控制、数据采集及监测系统

(1) PLC 控制系统：自动化程度高，具有多重连锁功能，降低了劳动强度和错误操作发生的几率。如图 6-18 所示。

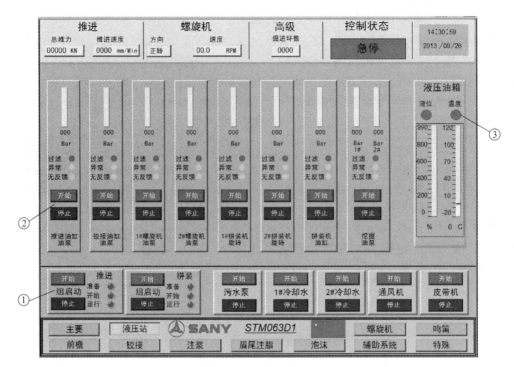

图 6-18 PLC 控制系统

PLC 控制系统功能简介   表 6-2

序号	名称	功能简述	备注
①	控制屏整组启动按钮	该按钮显示的是组启动装置的状态。操作员可以启动或停止推进油缸、螺旋输送机和推进油缸的液压系统。这些液压动力装置会以 3 秒钟的时间间隔按顺序启动。当液压装置开始运行并可以工作时，按钮会变成绿色，且"运行"指示灯点亮；按压启动按钮之后，启动状态指示灯也会点亮。如果出现了故障，按钮会变成红色，并在报警窗口中显示报警信息	
②	推进、铰接、螺旋机、挖掘、拼装机旋转、拼装机泵控制按钮	这些按钮的工作方式相同：按压启动按钮后，相关的液压装置启动；而按压停止按钮后则会停止工作。通过各按钮还可以监测电流（安培）、压力、过滤器状态、断路开关操作、过载情况等。当出现电源中断或过载情况时，相应泵会停止工作	
③	液压油箱	显示液压油过滤器的状况、油箱液位和液压油温度	

（2）数据采集与传输系统：实时记录和保存施工中各种参数、数据，为工程施工质量和施工工艺过程监控、工程验收提供依据。如图 6-19 所示。此部分内容在电气控制系统设计时进行系统配置。

（3）故障监控系统：对盾构机各部分运行情况、异常状态进行实时跟踪检测，便于提前发现故障和及时采取预防措施，保证施工安全。该系统在控制系统设计时进行考虑与配置，设置点为关键零部件、结构主要部位、控制监控点等，配置有监控传感器，在操作屏上有实时监控画面和监控指示；具有故障自诊断及内容显示功能，方便维修人员进行检修。

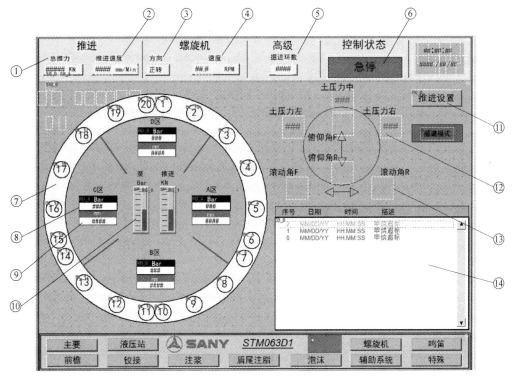

图 6-19　数据采集与传输系统

数据采集与传输系统功能简介 表 6-3

序号	名称	功能简述	备注
①	推进总推力	显示推进油缸总推力	
②	推进速度	显示推进速度	
③	螺旋机方向	显示螺旋机旋转方向	
④	螺旋机速度	显示螺旋机当前旋转速度	
⑤	掘进环数	显示盾构机掘进总环数,计算掘进长度	
⑥	控制状态显示	包括"急停"、"掘进模式"、"拼装模式"、"挖掘模式"四种状态,显示当前设备的工作状态	
⑦	推进油缸选定	设置 16 组推进油缸选定按钮,通过触摸屏选定油缸,然后通过操作面板的推进油缸按钮,实现油缸动作	
⑧	推进油缸 A、B、C、D 四个分区压力	显示 4 个分区的推进压力	
⑨	推进油缸 A、B、C、D 四个分区行程	显示 4 个分区的推进行程	
⑩	故障信息	显示故障信息、故障处理状态;红色表示未处理故障,绿色表示故障处理完毕	
⑪	推进油缸泵压力	棒图显示推进油缸泵的工作压力	
⑫	土压显示	通过左侧、中部、右侧 3 个土压传感器,测量土体压力,并在触摸屏上显示土压值	
⑬	俯仰角、滚动角	通过倾角传感器,显示前盾、尾盾俯仰角、滚动角	
⑭	推进设置	触摸该功能键,可以切换至推进参数设置界面,进行推进油缸形成校正、操作位置选择	

185

6.3.2 液压、电气及控制系统

1. 液压系统

与土压平衡盾构机相比，敞口式盾构机增加了挖掘装置、支护装置的液压部分，其他部件（如推进系统、铰接系统、管片安装机、螺旋输送机等）的液压系统仍然沿用土压平衡盾构机的设计。

挖掘装置的液压系统及挖掘臂、铲斗对应的液压系统引用了三一挖掘机的设计，底盘对应的液压系统则采用自行设计，实现了挖掘装置的平移、回转、俯仰等动作。支护装置共有 7 套伸缩前檐，对应 7 套可收放的平面挡板，自行设计了支护装置的液压系统，可以实现伸缩前檐的伸出、缩回和平面挡板的张开和收回。

2. 电气系统

为了保证盾构机的用电可靠性，盾构机的 10kV 高压供电电源由所在城市 10kV 高压开闭所采用放射式供电方式直供。根据盾构机装机容量及最大同时负荷计算确认选用总容量为 800kVA 的变压器供电，选用具有阻燃、自熄、耐潮、机载强度高、体积小、质量轻、损耗低、噪声小等优点的环氧干式变压器。变压器本体与配套的高压接入、低压馈电作整体防护外壳。

盾构机供配电系统把 10kV 的高压变为 380V/220V 的低压，为盾构机提供动力。供配电系统由高压柜、变压器柜、低压馈电柜和电容补偿柜四部分组成。其中高压柜、变压器柜、低压馈电柜三个柜隔离。

3. 控制系统

电气系统的控制思想为：分散控制，集中管理。盾构机从可靠性、适用性、可维修性等方面考虑和采取了先进的控制措施。控制系统采用三菱 Q 系列 PLC，实现了盾构机最高位到基本现场器件的全面纵向控制，也实现了盾构机各个不同功能板块的横向连接。

盾构机的控制系统在网络结构上，对各个设备实现独立的控制分系统，依托可靠的控制站在主机、挖掘、辅助系统等部位构成可靠的就地运算、就地监控架构。这些分布的控制站又被联合为网络，数据互通、人机交互互通，使用者不需理会其中复杂的交互网络，而可以轻松地在控制室内对整台盾构机的所有设备进行集中监视和操控。

控制室主 PLC 主要用于对各系统如挖掘支护、推进油缸、螺旋输送机、铰接系统、注脂系统、液压站控制、同步注浆等的控制。

控制流程参见图 6-20。

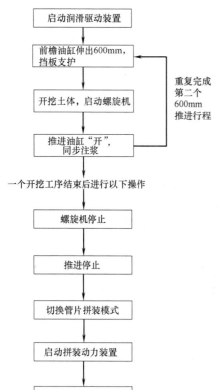

图 6-20 敞口式盾构机程序控制流程图

6.3.3　关键技术分析

为尽可能地保证敞口式盾构机研制和应用的可靠性，除挖掘装置、支护装置、盾体结构等系统外，其他系统均借用了土压平衡盾构机的成熟系统和模块。对自主创新设计的结构和系统进行了数字仿真和计算，预先验证设计的合理性和可靠性。应用数字样机技术进行整机虚拟装配，对关键部件结构强度进行有限元分析、运动学分析及动态仿真试验，并针对分析结果进行设计改进。

1. 工作循环用时计算

对敞口式盾构机工作循环用时进行了计算，结论如下：单个循环用时 2h（管片环外径 6m，内径 5.4m，宽 1.2m），每日可工作 10 个循环（以每日工作 20h 计算），日进尺 12m，月进尺约 275m（以每月 23 个工作日计算）。

2. 推力计算

与土压平衡盾构机相比，敞口式盾构机开挖面完全敞开，挖掘土体在常压下进行，挖掘下来的土体主要堆覆在盾体下方。经过计算，通常情况下敞口式盾构机推进所需最大推力为 6800kN，初始设计方案拟采用 28000kN 的推力和 24000kN 的铰接推力。考虑到系统的稳定性和可靠性，推进系统仍然借用了土压平衡盾构机的成熟推进系统。推进系统最大推力为 36000kN，共 20 根油缸，单缸推力为 1800kN，行程为 1900mm；铰接系统最大推力为 28000kN，共 16 根油缸，单缸推力为 2000kN。

3. 支护装置计算

综合考虑支护装置的工作条件和可能出现的各种极限状况，建立支护装置的工作受力模型，分别进行了理论力学计算和有限元数字计算（见图 6-21、图 6-22），计算结果显示支护装置安全可靠，能够满足工作要求和极限受力状况。

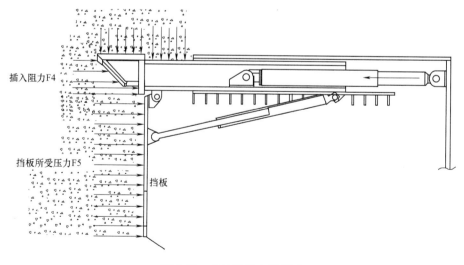

图 6-21　支护装置力学模型

4. 挖掘装置计算

对挖掘力、油缸选型、连接螺栓强度、挖掘结构强度等进行了理论计算和数字仿真计算（见图 6-23～图 6-25），验证了设计方案的合理性和可靠性。

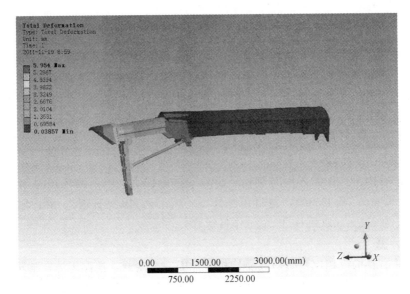

图 6-22　支护装置有限元计算结果

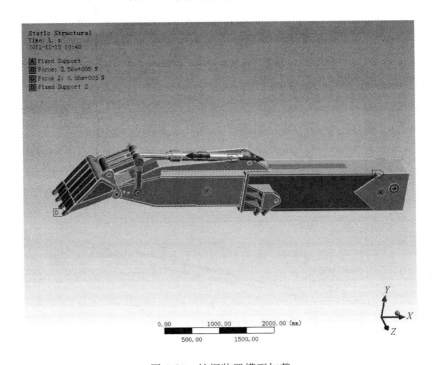

图 6-23　挖掘装置模型加载

5. 盾尾间隙和盾体直径计算

按照盾构实际应用工况和设计总体方案，对盾体直径、盾尾间隙等进行了计算，盾体直径确定为 6.22m，盾尾间隙确定为 30mm，采用内置式注浆布置。

6. 液压系统计算

对推进系统进行了计算，初步方案确定总推力为 28000kN。为保证系统的稳定性和可靠性，最终仍借用了土压平衡盾构机的成熟推进系统，总推力为 36000kN。

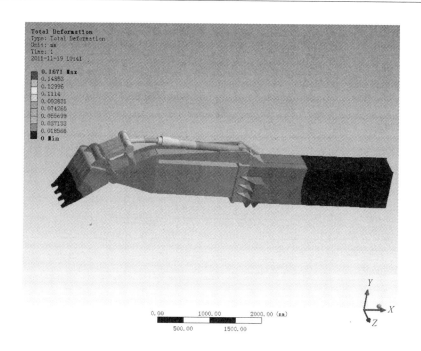

图 6-24　挖掘装置有限元分析计算

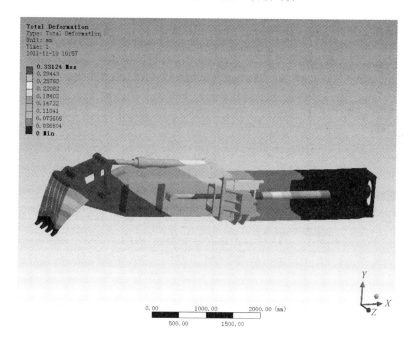

图 6-25　挖掘装置结构受力计算

对铰接系统进行了计算，初步方案确定总铰接力为 24000kN。为保证系统的稳定性和可靠性，最终仍借用了土压平衡盾构机的成熟铰接系统，总铰接力为 32000kN。

对挖掘装置的液压系统进行了计算，确定了泵、油缸和液压系统的基本参数。

对支护装置的液压系统进行了计算，确定了泵、油缸和液压系统的基本参数。

7. 功率配置计算

对敞口式盾构机用电总负荷进行了计算，各设备累计用电功率约为 640kW，各设备最高同时用电功率约为 524kW。根据设备用电功率情况，选定变压器总功率为 800kVA。具体计算结果见表 6-4。

敞口式盾构机功率配置计算结果 表 6-4

序号	系统名称	功率(kW)	数量	总功率(kW)	备注
1	推进系统	75	1	75	
2	刮板输送机	75	1	75	
3	皮带机	37	1	37	
4	铰接系统	11	1	11	
5	管片安装机油缸	18.5	1	18.5	
6	管片安装机回转	11	1	11	
7	管片吊运	2.2	4	8.8	
8	水冷却系统	11	1	11	
9	集中润滑注脂泵	0.75	1	0.75	备用1个
10	集中润滑转运泵	0.4	1	0.4	
11	空压机1	37	1	37	
12	空压机2	37	1	37	备用
13	注浆	45+7.5	1	52.5	
14	二次通风	22	1	22	
15	挖掘装置液压系统	110	1	110	
16	活动前檐/扇形挡板	30	1	30	
17	照明	—	1	2	
18	控制	—	1	2	
19	插座及备用	—		100	
合计				640.95	
开挖拼装状态				523.45	
掘进状态				483.65	
变压器选型结果				(524)800	kVA

6.4 工程应用

6.4.1 工程简介

北京地铁 6 号线东延二期工程共有一站一区间。施工场址起于郝家府站，区间线路由郝家府站向东，沿运河东大街北侧设置，沿线穿越农田、高压电力走廊、丰字沟、召里路，最后到达设于宋郎路和运河东大街交叉路口的东部新城站，区间采用盾构法施工。区间线路平面位置见图 6-26。

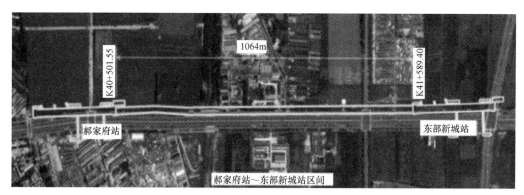

图 6-26 区间线路平面位置

郝家府站至东部新城站区间（以下简称郝东区间）左线从郝家府站始发，在东部新城站接收；右线分为土压平衡盾构掘进段和敞口式盾构掘进段。本区间施工平面示意图见图 6-27。

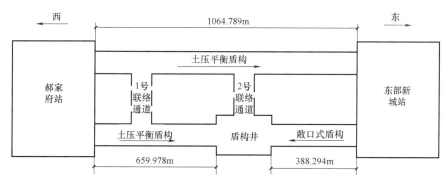

图 6-27 区间施工平面示意图

6.4.2 地质情况

根据工程地质和水文地质概况可知，该段地层土体自稳能力较差，很难形成自然拱（见表 6-5、图 6-28）。其中普遍存在的粉细砂③₃ 层、中粗砂④₄层、中粗砂⑤₁ 层，其厚度较大，富水性好，且为饱和状态，在地下水的作用下，会产生涌水、潜蚀、流砂等现象，极易导致隧道侧壁失稳。

穿越地层岩土物理力学参数　　　　　　　　　　　表 6-5

地层编号	岩土名称	天然密度（g/cm³）	固结快剪		基床系数（MPa/m）		渗透系数（m/d）	地基土承载力标准值（kPa）
			黏聚力（kPa）	内摩擦角（°）	水平	垂直		
②₃	粉细砂	2.00	0	16	20	15	5	150
③₃	粉细砂	2.05	0	25	30	25	5	170
④	粉质黏土	1.89	30	16	30	25	0.05	160
④₄	中粗砂	2.08	0	30	35	30	30	280

区间主要沿现状运河东大街北侧（规划运河北大街北侧绿化带内）设置。现状运河东大街道路全宽 48m，主路宽 24m，两侧辅路宽度均为 7m，主路与辅路之间设置 5m 宽的

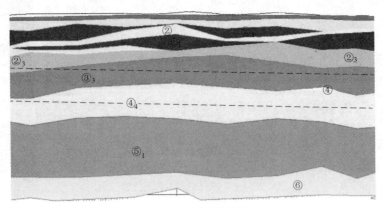

图 6-28　地层断面图

隔离带。规划运河东大街走向和现状运河东大街基本一致，规划道路宽 60m，两侧各设置 3.0m 宽的绿化带。

标称隧道限界为 Φ5200，盾构圆形隧道内径为 Φ5400，厚度为 300mm；外径为 Φ6000，宽度为 1.2m。

采用一环分成 6 块的分块方案，参见图 6-29。一环管片由 1 块封顶块管片、3 块标准块管片和 2 块邻接块管片组成，纵向接头为 16 处，按 22.5°等角度布置。

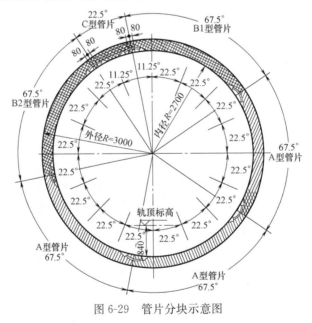

图 6-29　管片分块示意图

本工程采用的衬砌环组合形式为标准衬砌环＋左转弯衬砌环＋右转弯衬砌环。采用错缝拼装。

6.4.3　敞口式盾构机掘进参数及关键部件分析

1. 敞口式盾构机掘进参数

敞口式盾构机主要参数设定如表 6-6 所示。

敞口式盾构机技术参数 表6-6

名称	项目	技术参数	备注
盾构机类型		敞口式盾构机	
平均月进度		240m	
工程条件	最小曲率半径	250m(本工程>500m)	
	最大坡度	35‰(本工程<23‰)	
	埋深	16.57~23.26m	
	地面活载	20kN/m²	
	地质情况	中粗砂为主,无水	
管片	外径×内径×宽度	6000mm×5400mm×1200mm	
	每环数量×最大单块质量	6块×3.4t	
开挖直径	—	6220mm(可超挖)	
掘进速度	—	80mm/min(推进速度)	
总推进力	—	36000kN	
主机长度	—	约10m	
掘进机总长度	—	约80m	
主机功率	—	约408.5kW	
设备质量	主机	250t	
	后配套	110t	
盾壳	盾壳外径	6220mm	
	盾尾密封形式	3道钢丝刷+1道止浆板	
	外部止浆密封	1道(铰接段,充气式)	
活动前檐	数量	7个	
	伸出长度	600mm(最大1200mm)	
	角度	上部160°范围	
	油缸推力×行程×压力	840kN×1200mm×33MPa	
扇形挡板	数量	7个	
	推力×行程×压力	400kN×750mm×33MPa	
推进油缸	数量	20根	
	推力×行程×压力	1800kN×1900mm×33MPa	
	总推进力	36000kN	
	单位面积推力	1185kN/m²	
铰接油缸	数量	16根	
	推力×行程×压力	2000kN×200mm×33MPa	
	总推进力	32000KN	
皮带输送机	能力	400m³/h	
	长度	约47m	
	皮带宽度	800mm	

续表

名称	项目	技术参数	备注
皮带输送机	皮带速度	120m/min	
	功率	37kW	
螺旋输送机	形式	有轴式,内径800mm	
	驱动方式	液压电机驱动	
	转速	1~21r/min	
	输送能力	最大280m³/h	
	功率	150kW	
挖掘装置	类型	铲斗,反铲挖掘(可与铣挖头、破碎锤互换)	
	范围	覆盖整个掌子面	
	功率	110kW	
管片安装	提升力	210kN	
	安装机回转速度	0.3r/min和1.5r/min两级	
	回转角度	±220°	
	扩展(径向)行程	650mm	
	移动(轴向)行程	700mm(+600mm,-100mm)	
	每环安装时间	24min	
	质量/功率	13t/18.5kW	
同步注浆系统	型号	KOV550DUO	
	注入量	12m³/h,单液注浆,共2台	
	注浆管布置及数量	内置式,4点注入	
激光导向系统	型号	上海力信	
	有效距离	200m	
泡沫注入系统	泡沫注入量	50L/min(可调)	
液压油箱	容积	3000L	
变压器	容量	800kVA	
	输入电压/输出电压	10kV/380V/220V	
	防护等级	IP55/IP54	
空压机	型号规格	电动螺杆式	
	功率×压力	37kW×2MPa	
二次通风	容量×风管直径	400m³/h×600mm	
	风机功率	22kW	
后配套拖车	拖车数量	6个	
	拖车轨距	2080mm	
功率	推进油缸	75kW	
	铰接油缸	11kW	
	活动前檐/扇形挡板	与推进共用	

续表

名称	项目	技术参数	备注
功率	螺旋输送机	75kW×2	
	皮带输送机	37kW	
	挖掘装置	110kW	
	管片安装机油缸	18.5kW	
	管片安装机回转	22kW×2	
	注浆系统	45kW+7.5kW	
	泡沫系统	2.2kW	
	压缩空气系统	37kW×2	
	通风系统	22kW	
	工业水系统	11kW×2	
	其他	21.8kW	
	总计	640kW	

2. 关键部件分析

运用仿真与实践相结合的方法，对关键部件进行了应用前的验证。

（1）挖掘装置应力试验

对挖掘装置进行了应力试验，结果显示挖掘装置具有足够的强度和刚度，能够满足敞口式盾构机的挖掘工况要求。如图 6-30～图 6-32 所示。

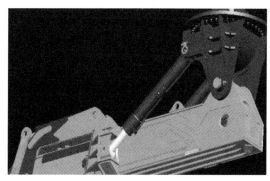

图 6-30　挖掘臂三维模型　　　　图 6-31　挖斗三维模型

（2）螺旋输送机常压下出土试验

密闭式盾构机的螺旋输送机通常在 2～3 个大气压下工作出土，敞口式盾构机则需在常压下工作出土。故需验证螺旋输送机在常压下的出土能力和可靠性（见图 6-33）。

试验结果表明，螺旋输送机在常压下出土能力良好，气压的减小对螺旋输送机出土的腔体填充率影响不大，常压下螺旋输送机完全可以满足盾构机的排土要求。

6.4.4　施工中的重难点及解决方案

1. 施工中的重难点

2013 年 11 月初组装调试完成后正式开始试验掘进，盾构始发过程中发现以下问题：

图 6-32 挖掘装置应力试验

图 6-33 螺旋输送机常压出土试验

（1）地质情况差：敞口式盾构机的适用地质为无水或少水且具有一定自稳性的地层，而本施工地层为经过降水处理的中粗砂地层，开挖面稳定性很差，前盾支护前檐及挡板全部伸出打开后依然无法控制开挖区塌方，基本起不到支护作用（见图 6-34）；整个开挖面直径达 6.22m，渣土堆积到前盾体积的 2/3 才达到稳定状态，这样不仅造成推进力增大、掘进困难，还造成挖掘机构无法施展拳脚，大大影响施工效率。

（2）工作机构不灵活：挖掘机构过于庞大，使得圆形的挖掘面尤其是下半断面前盾两侧区域挖不到，形成死角，日积月累，土体越积越多，越挤越实，增大了推进阻力；同时挖斗和挖掘臂设计体积过大，与展开后的平面挡板下端发生干扰。

（3）出渣困难：前盾两侧有开挖盲区，螺旋输送机进土口两侧存在排土死角，土体大量堆覆，使得盾体下部阻力增大，推进困难。

2. 解决方案

为解决上述问题，采取以下主要措施：

（1）上半部开挖面用钢板划分网格，结合伸缩前檐和平面挡板结构，分区支护土体，防止坍塌（见图 6-35）。

（2）下部螺旋输送机进土口两侧增设喇叭口挡板，消除死角（见图 6-36），推进的同时将前盾内土体直接导入螺旋输送机进料口，方便进土，减小推进阻力。

图 6-34 前盾支护前檐及挡板

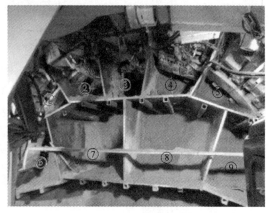

图 6-35 分区支护土体示意图

（3）重新设计一套小型挖掘装置（见图 6-37），替换掉原来的大型挖斗和挖掘臂，减小挖掘装置的体积，增加其灵活性，同时避免产生动作干扰。

图 6-36　下部螺旋输送机进土口两侧喇叭口挡板　　　　图 6-37　小型挖掘装置

经过工艺和结构改造后（见图 6-38～图 6-41），基本克服了上述问题，敞口式盾构机的可靠性和施工效率大幅度提升，在用户尚未完全熟悉设备操作和施工工艺的情况下，掘进速度达到 6～8 环/d，1.2m/环，已接近土压平衡盾构机正常的施工速度，且施工质量完全满足工程设计的要求。敞口式盾构机推进隧道总长 397m，总体表现良好，基本达到了试验要求目标。

图 6-38　网格支护结构（保留中间 5 套前檐和挡板，下部增设喇叭口挡板）

图 6-39　改造后的敞口式盾构机开挖面及堆土示意图

图 6-40 原装的直臂大型挖掘装置

图 6-41 换装后的折弯臂小型挖掘装置

参 考 文 献

［1］ 乐贵平. 地铁车站盾构法与矿山法联合施工技术［J］. 市政技术，2003，21（4）：209-214.

［2］ 刘军等：盾构法地铁隧道分叉段围岩稳定性及施工技术研究报告［R］. 北京：北京市市政工程研究院，2005.

［3］ 周丰峻，郑磊，周丽等. 城市大跨度地下空间工程技术研究［J］. 重庆交通大学学报（自然科学版），2011，30（s2）：1146-1151.

［4］ 乐贵平，贺美德，汪挺. 桩墙法建造地下空间结构：中国，ZL 2011 1 0232300. 9［P］. 2011-08-15.

［5］ 乐贵平，刘明保，贺美德. 洞槽桩复合建造大型地下空间结构的施工方法：中国，ZL 2012 1 0157145. 3［P］. 2012-05-21.

［6］ 贺美德，王秀英，乐贵平等. 隧道施工预切槽试验模型机：中国，ZL 2012 2 0208608. X［P］. 2012-12-05.

［7］ 贺美德，王秀英，刘军等. 隧道施工预切槽试验机的微型电机超大转矩输出结构：中国，ZL 2012 1 0143735.0［P］. 2013-12-18.

［8］ 贺美德，王秀英，刘军等. 隧道施工预切槽试验模型机：中国，ZL 2012 1 0143730. 8［P］. 2014-06-11.

［9］ 贺美德，王秀英，乐贵平等. 隧道施工预切槽试验机的双排链锯：中国，ZL 2012 1 0143736.5［P］. 2014-08-20.

［10］ Liu J，Wang F，He S，et al. Enlarging a large-diameter shield tunnel using the Pile-Beam-Arch method to create a metro station［J］. Tunneling & Underground Space Technology，2015，49：130-143.